雄安新区
园路铺装施工工艺工法

王沛永　巩立青　徐成立　等著

中国建筑工业出版社

组织委员会

主　任：李振伏

副主任：杨建滨　高　飞　高建利　徐成立　郑占峰　巩立青
　　　　王　敏　李军　赵　奕　王庆东　李　王　郭振周
　　　　姚　飞　胡正勤

委　员（按姓氏拼音排名）：
　　　　陈　锋　贾晓召　荆志敏　李志超　马艺华　梅志远
　　　　王　佳　王先兵　王　圆　武芳芳　张耀洪　赵国勤

撰写委员会

序言

　　中国造园技艺追求"天人合一"，于有限中追求无限，在小自然中体察大自然，在整体山水空间中追求自然，而在铺地、砌筑、小品、栏杆等地方则尽显技艺之精巧。在新时代的发展中，中国园林的建设从私家园林转到城市公园与城市绿地建设方面，造园技艺既有对传统造园理念的传承，又随社会及科技的发展增添了新元素。随着现代园林建设的规模扩大、经验累积，工程施工组织及机械化施工也越来越科学、高效，新的材料、工艺做法层出不穷。就园路铺装而言，现代园林从材料、结构及功能等都更趋于多样化，对铺装的色彩、质感、构形以及材料的环保、再生能力、保护生态等方面都提出了具体的要求。

　　在上述大的发展背景下，中国雄安集团生态建设投资有限公司开拓思维，立足于高质量、高标准开展雄安新区园林建设，着眼于打造雄安园林建设样板示范与创新基地，利用雄安新区大规模园林绿化建设即将展开的契机，谋划并组织了一场"2020（雄安）造园工艺工法展示竞赛"。期间，本人荣幸地受邀全过程参与活动，感受颇深！竞赛从即将建造的悦容公园中截取园路广场、建筑构筑、家具小品、古典建筑工程4大类代表性的工程图纸作为题目开展工艺工法展示竞赛，同时选择工艺独特、材料新颖、推广应用前景广阔的新材料、新工艺作品进行展示。来自全国的二十多家优秀园林企业各显其能，拿出了最佳的施工组织管理与技术、工艺来充分发挥展示，竞赛的成果突出。此次竞赛的圆满举办，为雄安新区风景园林建设团队搭建了一个展示、交流、提升的平台，激发园林从业者学技术、练本领、创一流的热情，为雄安新区风景园林建设提供技能、人才储备，建设了标准与样板，为雄安新区园林高质量发展奠定了基础。同时，借此推动了雄安新区风景园林行业系统、规范、科学的质量标准、工艺流程以及评价体系建设，快速提升了雄安新区风景园林建管水平，提高了雄安新区园林建设发展质量。

　　本书根据本次竞赛过程的建设记录及成果，由竞赛的组织单位、承办单位及参赛单位的主要领导及技术人员集中编写而成。书中总结了此次竞赛中园路铺装工程所涉及的主要施工工艺工法，以及园路铺装新材料、工艺做法等，同时也吸纳了长期以来园林绿化工程建设的施工实践经验及施工工艺，结合雄安新区的土壤、水文、工程地质等具体条件进行总结与提升。书中涉及的工艺工法成果可直接应用于雄安新区各类公园及城市绿地建设，对其他地域开展园林建设也具有一定的指导作用。

　　本书的出版将能够有助于园林绿化施工队伍人才培养和工程质量的提高，促进城市园林绿化建设事业的健康发展，甚感欣慰，并以此为序。

中国风景园林学会副理事长

2021 年 6 月 3 日

前言

　　中国传统园林历史悠久，源远流长，造园艺术独特而自然，中国传统园林在整体山水空间中追求自然，山石草木不见人工痕迹，而在工程材料选择与施工方法上则追求自然材料与手工工艺，精细施工，在道路铺装方面表现得尤其充分。传统园林的铺地采用生活环境周边的砖、瓦、碎石、卵石等材料，通过设计师的巧思将之组合成精美花纹，旧料新用，废物再利用，与铺地周围环境、景物完美融合，共同构成写意山水空间。传统铺地是中国传统园林的魅力所在，材料选择低调不奢华，大处不张扬但小处显精致，属于张弛有度、进退有据的风格，也是中国人的传统智慧。

　　在新时代的园林发展中，园路铺装的材料、结构及功能等向着多样化的方向变化。传统园林的铺装材料与纹样在新的园林景观设计中得到了尊重与继承，在非车行的园路与铺装面上，传统的卵石、瓦、砖、碎石、碎拼等铺装方式都在发挥着作用。同时，在考虑基本的强度、安全等要求后，选择的材料向着生态环保等方向发展，如使用建筑结构废弃回收材料制作铺地砖；使用回收电路板制作铺地砖；通过提高面砖的强度来降低厚度，以提高材料的利用效率；通过粉碎页岩代替传统的黏土制砖以节约耕地；采用高强度的压制方式代替烧制以节约煤炭燃油等能源；使用园林修剪的枝叶粉碎制作透水铺地材料，使得废物利用且生态环保；采用石英砂制作透水铺地材料，提高铺装地面的透水透气性能；大量具有良好的色彩丰富度、透水透气的高强度面层材料也逐步占领市场等，这些都增加了园林铺装的各种变化。

　　在园林铺装的构造方面，现在的道路铺装多采用级配碎石、泥结碎石作为垫层和基层，一方面，碎石的成本随着矿山机械的加工能力在逐步降低；另一方面，传统的灰土基础在烧制生石灰时需要大量能源，灰土基础施工时也有大量扬尘污染和噪声污染，虽然整体造价仍低于级配碎石，但是施工的质量控制较为困难，因此也逐步退出结构材料。当然级配碎石的结构具有一定的透水能力，在不减弱道路的结构功能的前提下，可以作为生态环保的结构作法使用。

在施工工艺方法方面，园林施工机械在逐步向着小型化、专门化、自动化、多用途发展。大量施工机械和专用工具的使用能够在提高劳动效率的同时减轻工人的劳动强度，是提高园林工程施工速度并提高工程质量的保证。小型振动碾、灰土基层的现场拌和机械、新型测量和找平工具、混凝土表面处理工具、铺地砖缝宽控制方法等，都可以提高施工的质量。

本书利用雄安新区大规模园林建设的契机，总结了一些园路铺装的材料、结构、施工工艺方法，在传统工艺的基础上有一些小局部的创新变化，可以适用于雄安新区的建设，也可以在气候、地质条件相似地区使用。这些小局部的创新变化可能看起来不起眼，但是仍然会慢慢推动园林工程技术的发展。本书成稿进度较快，总结经验也有许多不到位甚至可能出现错漏之处，恳请各位专家学者、施工管理一线技术人员提出宝贵意见，在此表示衷心的感谢。书中除引用相关园林施工技术标准、操作规程、质量检验标准之外，也借鉴了一些相关行业及同行企业的标准，在此也一并表示感谢。

目录

序言
前言

第 1 章

园路铺装工程概述

1.1 园路铺装

园路铺装是指在园林中采用天然或人工铺地材料，如砂石、混凝土、沥青、石材、预制块、木材、瓦片、陶土材料等，按一定的形式或规律铺设于地面上，又称铺地。园路铺装不仅包括路面铺装，还包括广场、庭院、停车场等场地的铺装。园路铺装有别于一般纯属于交通的道路铺装，它虽然也要保证人流疏导，但并不以捷径为原则，并且其交通功能从属于游览需求。因此，园林铺装的色彩更为丰富。同时大多数园林道路承载负荷较低，在材料的选择上也更多样化。

园路铺装是园林空间环境中重要的造景元素之一，在园林中游览徜徉时，我们可以全方位地感受它。日本建筑师芦原义信在《外部空间设计》中提到："建筑空间根据常识来说是由地板、墙壁、顶棚三要素所限定的。外部空间因为是作为'没有屋顶的建筑'考虑的，所以就必然由地面和墙壁这两个要素所限定。换句话说，外部空间就是用比建筑少一个要素的二要素所创造的空间。正因如此，地面和墙壁就成为极其重要的设计决定因素了"。在园林空间中，地面铺装除了作为游览、交通的载体以外，就成为一个至关重要的设计要素了。

中国园林历史悠久，在世界上享有盛誉，作为园林风景一部分的园林铺地，应具有耐磨、防滑、防污、排水等特性，并以其功能性、导向性和装饰性服务于整体园林环境。园路铺装在满足空间使用功能的前提下，还应注重人们的心理感受和审美需求。现代园林中人们利用丰富的铺装材料和多样化的工艺技术，形成了色彩丰富、质感多样、形式优美的铺装，表现出形式上的韵律、节奏等美学特征，同时还会以一些具有象征意义的符号和纹样赋予园路铺装以独具特色的文化意义和地域特征，构成景观环境中一个独特的风景。在城市不同空间环境及园路景观中，园路铺装所形成的大面积地面区域，其中的色彩、纹理、图案等要素应与周围的环境、特定的主题空间相协调，微观上，小至每一单位面积的铺装材料的质感、铺装形式也可以形成独特的景观效果。

1.2 园路铺装的作用

园路铺装的作用主要体现在以下方面：（1）园林道路的铺装可以通过色彩、质感和构形加强路面的辨识性，划分不同性质的交通空间，对人流进行诱导，给人以方向感和方位感，提高道路的安全性能。（2）良好的铺装能丰富空间层次，并且呈现条理性，创造出更加优美的景观环境，给人们带来美的享受。（3）铺装与环境相协调，美化了空间的底界面，使得景观环境完整、和谐。（4）结合地方特色的景观铺装能够唤起人们的高度认同感与归属感，继承和发扬优秀的传统历史文化。（5）生态化的园路铺装结构能够使得铺地既美化了环境，又保持了生态的可持续发展，有利于创造小气候条件及保护生态环境。

1.1.1 地面铺装的使用功能

1. 划定边界的作用

在园林空间中，道路、广场及广场的不同区域具有不同的使用功能，通过园路铺装的变化，可以划分出不同功能区域的边界，使用时具有相对明确的界限。一般通过不同铺装材料的运用以及材料的颜色、质感变化可以使游人区分出运动、休息、聚集等标志。同一种功能的区域可采用相同的铺装形式，当铺装发生变化时，也就暗示着功能与作用发生了变化。例如广场上的跳舞区与观看休闲区、动态活动与静态活动区等。用地面铺装划分边界可以相对减弱栅栏等强制性设施给人造成的心理压力，同时也使得人们更容易在所划定的范围内自由行动。

2. 组织空间的作用

传统园林中不同空间的景致变化、立意变化，都会利用铺装变化来反映，如拙政园的枇杷小院、听雨轩与海棠春坞三个院子，采用了不同的地面铺装样式来区分和组织空间。现代园林中的环境功能较为复杂，也往往由多个小空间组成。利用园路铺装加以区分，同时也可以根据需要把各个小空间利用某一铺装材料的统一性进行组织，形成一个连贯的空间序列，从而将整个环境联结成一个有机整体，也有利于人们感受空间的有序性与整体性。例如拉维莱特公园中使用跑步道统一的铺装材料串接所有的园中园，使得空间具有变化中的统一。

3. 引导人流的作用

在区域功能比较复杂的空间中，有时需要借助一定的指示和引导性措施来组织人流。地面铺装可以通过连续的特定铺装样式、暗示性的铺装花纹等引导人流。如一些动物园、游乐场利用动物脚印等引导人们进入特定的观赏区域，一些大型活动场地利用铺装样式将人流进行分流等。一般而言，铺装的变化不宜过多，但适当的铺装变化可以对行为进行良好的引导。舒适美观的路面鼓励行人行走，而粗糙不舒适的路面可以传达拒绝人们穿越的意思。铺地图案的导向性可微妙地引导人流运动的方向，有时还可影响人们行走的节奏和速度。采用地面铺装对空间进行分割，形成多样化的空间，也可使两部分空间产生联系，铺装图案的导向性有时还可产生不同的空间气氛。相同的铺装会使两个空间联系在一起，线性分段铺装能影响运动的方向，同时微妙地影响人们游览的感受。虽然指示牌、地图等可以起到引导的作用，但设置不当很容易被人忽视。而景观铺装则可以弥补这方面的不足。由于铺装的面积一般比较大，且位于人们的视线下方，更容易引起人们的注意，无论是材质，还是色彩、图案的变化都可以区分不同的空间，给人们以引导。

4. 保护、警示、提醒的作用

景观中的某些设施与区域，为了避免遭到游人的践踏等破坏，可以使用特殊的材料、颜色及图案纹样等进行铺装、圈示，例如一些旱喷设施、不耐踩踏的草皮植被等。一些台阶、坡道的部位，采用铺装的变化以提醒、警示。粗糙的铺装可以限制人们在上面开展一些不必要的活动，凹凸不平的铺装可以限制车辆的进入，树池箅子可以保护种植穴等，这些都可以使用地面铺装来解决问题。相反，平整的铺装有利于开展健身、游戏活动，柔软的地面材料和立面边缘防护可以防止跌倒后的伤害，保护人们的安全。

1.1.2 地面铺装的艺术功能

艺术功能又称精神功能，满足人们在园林空间使用中的历史文化、美学、心理学的需求，进而满足人们对城市、园林及民族的归属感、认同感等深层的文化和社会方面的要求，这也是铺装景观刻意追求的功能之一。

1. 满足人们的心理需求

科学合理的铺装能够充分体现人性化的设计原则，满足人们的生理、心理需求。任何来自外部环境的信息都会刺激人的心理反应，地面作为距离人们身体最近的空间要素，其质量的好坏，必然会引发人们对周围环境的情感。因此地面铺装的心理学意义不可忽视。

例如颜色鲜艳的环境可以激发和引导儿童的玩耍特性；通过地面高低、边界、中性色彩的铺装材质可以营造供人们休憩及游玩的小空间，自然且略粗糙的材料质感使人感到朴实亲切、自然随意；商业区域的铺地讲究整体铺装风格的规格化及高雅与华贵等。

2. 满足人们的审美需求

良好的景观铺装还可以满足人们的审美需求。例如，在供儿童玩耍的小广场上，铺装可以使用适合儿童心理的色彩和图案，突出欢快、富有童趣的特点，不仅儿童喜爱这种铺装，就连成年人也会被这种铺装营造的氛围感染，心情随之变得轻松、愉快。

3. 与园林的艺术氛围相结合

在中国传统园林中，地面铺装是结合园林的意境来配置的，通过铺装材料、纹样来渲染和烘托环境，与园林的艺术氛围相契合。

4. 地方历史文化的体现

铺装能够反映一个地区的历史文化，体现在包括地方性材料的选择、历史文化的符合化表达、铺装图案纹样的历史题材等多个方面。

1.3 园路铺装设计的基本要求

对于大多数人来说，他们每天走过我们创造的景观环境，却从不会注意到铺装的任何细节。可是铺设设计是园林景观环境设计的最后一环，它将各不相同的景观元素结合起来，融为一个整体，实现环境的视觉连贯性、功能的统一性。铺装设计具有实用性与美观性的双重功能，铺装的设计要放在周围环境中来统一考虑才能设计成功。

铺装需要保证高品质的、经久耐用的地面，才能满足设计初衷的要求——吸引更多的脚步，铺装设计应能够经受时间的检验，同时尽量降低未来的养护需求。

成功的铺装设计还要确保底基层的建设质量，能满足大量车辆和行人的荷载。排水管道的位置和井盖的处理等问题要综合考虑。确保最终的铺装设计考虑到上述所有问题，并且铺装的参数符合排水管道和路缘的情况。全面的考虑让我们能够拿出详细的设计方案和图纸，进而保证高品质的施工。如果不能对这些问题考虑周全，无论所用的铺装材料如何高档，最终呈现出来的效果就可能不尽如人意。

1.4 园路铺装的结构设计

园路及园路铺装的结构从下到上一般由土基、路基基层、路面三部分组成（见图1-1）。另外，道路及铺装构成中还包括道牙、排水

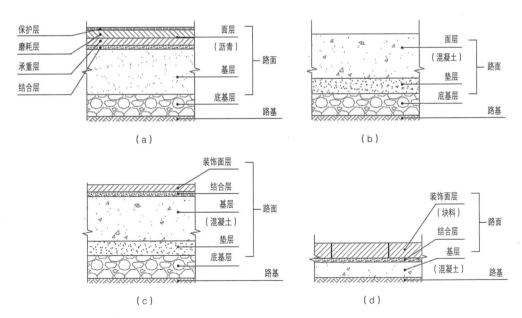

图 1-1　园路铺装的常用结构

（a）沥青路；（b）混凝土路；（c）车行装饰性园路铺装；（d）步行装饰性园路铺装

边沟、挡土墙、护栏等附属设施。基层和路面共同承受着车辆、游人和自然的作用，它们的质量好坏，直接影响到园路铺装的使用品质。

土基是基层底部的土层，是上部结构物的支撑，一般是将自然土夯实形成。当土质不好时需要进行一定的处理。当土基为填筑而成时，所用的填料应为水稳性好、压缩性小、便于施工压实且运距较短的土、石材料。

路基基层是在地面上按路线的平面位置和纵坡要求开挖或填筑成一定断面形状的土质或石质结构体，是路面结构中的主要承重层。在各种自然因素（地质、水文、气候等）和荷载（自重及行车荷载）的作用下，路基基层结构物的整体必须具有足够的稳定性。直接位于路面下的那部分路基必须具有足够的强度、抗变形能力（刚度）和水温稳定性，这样可以减轻路面的负担，从而减薄路面的厚度，改善路面使用状况。路基应有平整的表面和足够的水稳性。修筑路基用的材料主要有：碎（砾）石，天然沙砾，用石灰、水泥或沥青处治的土或碎（砾）石，各种工业废渣（煤渣、矿渣、石灰渣等）和它们与土、砂、石所组成的混合料，以及水泥混凝土等。

如果道路和铺装下部结构的水、温度条件较差，容易失稳或冻胀时，一般会在路基与土基之间设置垫层，主要用来调节和改善水与温度的状况，以保证路面结构的稳定性。修筑垫层常用材料有两种类型：一种是由松散颗粒材料组成，如用砂、砾石、炉渣、片石、锥形块石等修成的透水性垫层；另一种是由整体性材料组成，如用石灰土、炉渣石灰土类修筑的稳定性垫层。

路面面层是由各种不同的材料，按一定厚度与宽度分层铺筑在路基顶面上的结构物，以供汽车和游人直接在其表面上行驶通行。路面同车辆、行人以及大气相接触，应具有足够的强度、刚度和稳定性，足够的抵抗行车垂直力、水平力及冲击力作用的能力，良好的水、温度稳定性，耐磨、良好的抗滑性和平整度、少尘、不反光、易清扫等特点。修筑面层用的材料主要有：水泥混凝土、沥青混凝土及其他块料、碎料材料。当使用块料材料时，需要在路基和块料之间增加一个水泥砂浆结合层。使用水泥混凝土作为路面材料时，园路铺装常在其表面增加一个装饰表面，是形成园路铺装变化的主要层次。

（1）面层：是路面最上的一层，对沥青面层来说，又可分为保护层、磨耗层、承重层。它直接承受人流、车辆的荷载和风、雨、寒、暑等气候作用的影响，因此要求坚固、平稳、耐磨，有一定的粗糙度，少尘土，便于清扫。

（2）结合层：是采用块料铺筑面层时在面层和基层之间的一层，用于结合、找平、排水。

（3）基层：在路基之上，它一方面承受由面层传下来的荷载，一方面把荷载传给路基。因此，要有一定的强度，一般用碎（砾）石、灰土或各种矿物废渣等筑成。

（4）路基：是路面的基础，它为园路提供了一个平整的基面，承受路面传下来的荷载，并保证路面有足够的强度和稳定性。如果土基的稳定性不良，应采取措施，以保证路面的使用寿命。此外，要根据需要进行道牙、雨水井、明沟、台阶、种植地等附属工程的设计。

（5）道牙、边条、槽块：安置在铺地的两侧或四周，使铺地与周围环境在高程上起衔接作用，并能保护地面，便于排水。道牙一般分为立道牙和平道牙两种形式。园林中的道牙可做成多种式样，如用砖、瓦、大卵石等嵌成各种花纹以装饰路缘。边条具有与道牙相同的功能，所不同者，仅用于较轻的荷载处，且在尺度上较小，特别适用于限定步行道、草地或铺砌地面的边界。槽块一般紧靠道牙设置，且地面应稍高于槽块，以便将地面水迅速、充分排除。

第 2 章

雄安新区造园工艺工法展示竞赛

2.1 雄安新区概况

2.1.1 雄安新区的缘起

雄安新区地处北京、天津、保定腹地，距北京、天津均为105km，距石家庄155km，距保定30km，距北京新机场55km，地理坐标北纬38°43′~39°10′，东经115°38′~116°20′，面积约1770km²。设立河北雄安新区，是以习近平同志为核心的党中央深入推进京津冀协同发展、有序疏解北京非首都功能做出的一项重大决策部署，是继深圳经济特区和上海浦东新区之后又一具有全国意义的新区，是重大的历史性战略选择，是千年大计、国家大事。

雄安新区坐拥白洋淀，地处于冀中平原，地势平坦开阔，对外交通发达，人口密度不高，开发强度较低，具有集中开发的优势。

一是区位优势明显。雄安新区地处京津保三角腹地，与北京、天津、石家庄等中心城市相距在100km到180km之间，与北京大兴机场相距60km左右，与天津港区相距200km以内，区域内有京广高铁、京广铁路、津保铁路、大广高速、京港澳高速、保沧高速、荣乌高速等多条交通干线过境，对外综合交通十分便利。

二是自然资源丰富。雄安新区环绕白洋淀，蓝绿交织，清新明亮，气候温润。白洋淀素有"华北之肾"美称，湿地面积340km²，是华北平原最大的淡水湖泊。雄安新区区域范围内可供开发的土地面积广阔，地势平坦，可为城市建设和产业发展提供较好的用地条件。雄安新区所在区域的地下水资源储量较大，也拥有埋藏浅、水温高、水质好、自喷力强、分布广、易于开发的优质地热资源。

三是开发强度较低。2015年年底，安新、容城和雄县总人口113.1万人，三县行政区域的人口密度为727人/km²，明显低于北京。雄安新区城镇化水平不高，2015年安新、容城和雄县的城镇化率分别为40.7%、43.8%、43.8%，明显低于全国平均水平。雄安新区是平原和湿地形态，地势较低，土质肥沃，资源环境承载能力较强，可供开发的土地空间较大。

四是生态环境优良。安新、容城和雄县是典型的"京南水乡"，是传统农渔业区，轻纺工业为主，重化工业比重较低，生态环境没有受到较大的破坏。经过这些年综合整治和工程性补水，白洋淀生态环境逐步改善，水域面积萎缩趋势得到遏制，湿地功能有所恢复，蓝天白云、碧波荡漾、芦苇飘香再次回归到人们视野。

规划建设雄安新区，其目标是建设绿色生态宜居新城区、创新驱动发展引领区、协调发展示范区、开放发展先行区，努力打造贯彻落实新发展理念的创新发展示范区。其重点任务是建设绿色智慧新城、打造优美生态环境、发展高端高新产业、提供优质公共服务、构建快捷高效交通网、推进体制机制改革、扩大全方位对外开放等。依托雄安新区的开发建设，可以有效提升冀中南地区乃至河北省在京津冀大区域中的经济实力和竞争力。

2.1.2 雄安新区的气候特点

雄安新区与北京气候背景类似，其建设可参考北京的施工经验。雄县—容城—安新全境及周边部分地区位于太行山以东平原区，地势由西北向东南逐渐降低，地面高程多在 5～26m，地面坡降小于 2‰。本区位于太行山东麓冲洪积平原前缘地带，属堆积平原地貌。

雄县—容城—安新全境及周边部分地区属暖温带季风型大陆性半湿润半干旱气候，春旱少雨，夏湿多雨，秋凉干燥，冬寒少雪。根据容城县 1968～2016 年气象资料，多年平均气温 12.4℃，极端最高气温 41.2℃，极端最低气温 -22.2℃，年日照 2298.4h，年均无霜期 204d。多年平均降水量 495.1mm，极端最大年降水量 931.8mm，极端最小降雨量 207.3mm。多年平均蒸发量为 1661.1mm。受地理环境和东亚季风的影响，全年盛行东北—西南走向的气流。由于有白洋淀，局地小气候明显，年平均气温低于北京（13.0℃）和天津（12.9℃）；降水量少于北京（532.1mm）和天津（511.5mm）；年平均相对湿度为 63.9%，高于北京（54.1%）和天津（61.3%）。雄安新区的雨季与华北雨季一致，年平均雨日数 64.4d，其中暴雨日数不足 2d。雄安新区年平均日照时数为 2327h，太阳总辐射量为 4917.91MJ/m²，是太阳能资源丰富的地区。综合气温、降水、湿度、风等气象要素，雄安新区的年人体舒适日数有 173.2d，与北京和天津的相近，都属于较舒适的地区之一。

降水量年内分配极不均匀，其主要特点是汛期降水量大且集中，其余时节降水较少。汛期降水占全年降水量的 80% 左右，而主汛期 7、8 月降水量占全年的 42%。丰水年汛期降水量所占比重更大，能达到 90% 以上。区域内暴雨多发生在 7、8 月份，尤其是 7 月下旬到 8 月中上旬，历史上几次大暴雨都发生在这一时期，暴雨中心降水强度大、历时长，一般持续 3d，最长的能持续 6 ~ 7d。

2.1.3 雄安新区的水系

雄县—容城—安新全境及周边部分地区属海河流域的大清河水系，区内河渠纵横，水系发育，湖泊广布，主要河流（渠）有友谊河、大清河、白沟河、白沟引河、南拒马河、萍河、瀑河、漕河、府河、唐河、孝义河、潴龙河、任文干渠、赵王新渠等。河网密度 0.12 ~ 0.23km/km²。白洋淀是华北平原最大的淡水湖泊，是大清河南支援洪滞涝的天然洼淀，主要调蓄上游河流洪水。白洋淀由 140 多个大小不等的淀泊组成，百亩以上的大淀 99 个，总面积 366km²，其中有 312km² 分布于安新县境内。

2.1.4 雄安新区的地质概况

该区地层为第四纪冲洪积、冲湖积粉细砂，局部为淤泥质粉细沙和淤泥，偶有厚薄不一的粉质黏土、黏土夹层，区域构造上属冀中凹陷。由于华北平原地表微地貌形态基本受控于构造基底起伏的影响，这里地形低洼，海拔仅 7 ~ 19m，且地表水系由西、北方向往该区呈放射状汇聚。该区位于冀中凹陷的中部，这里基底在地质历史时期沉降幅度最大，第四纪地层沉积厚度一般约在 600m 以上。

雄安新区地质灾害主要有地面沉降、地裂缝、地震、砂土液化和地面塌陷等。地面沉降主要位于北沙口乡—大营镇以东至朱各庄乡—张岗乡—昝岗乡—米家务乡一线西北和安新县老河头镇—同口镇—刘李庄镇南部一带与高阳交界处等地；地裂缝主要分布于雄安新区西北部容城县和雄县；全区共发育有 6 条断裂构造，均为非全新活动断裂带；砂土液化区主要分布在安新—赵北口等片区，以轻微液化为主，在郊州等极小部分地区分布中等—严重液化区。

通过在雄安新区进行的大量地质调查与研究工作发现，雄安新区地下空间资源在开发利用过程中主要面临的环境地质问题有：开采地下水与施工排水诱发的环境地质问题、软土层施工引起的环境地质问题、桩基施工对地下空间地质环境的影响、工程施工对生态环境的影响、粉土层渗透变形及粉砂性土层的液化问题等。

雄安新区地下空间开发利用层物质构成由第四系全新统、上更新统以及中更新统的粉土、粉质黏土、粉细砂、中砂、特殊土等第四系松散堆积体组合而成，载体中主要赋存孔隙潜水、孔隙承压水，地下水头中等，水量较丰富。

各工程地质层土体的物理力学性质随深度增加而发生变化，特别是黏性土的压缩系数随深度增加而减小，黏聚力和承载力随深度增加而增加，遵循黏性土在自重压力下逐渐压密固结的规律。

雄安新区软土层以淤泥质黏土为主，主要分布在冲湖积区的张岗乡—雄县县城以东、鄚州镇、刘李庄镇、安州镇西部以及安新县县城西部地带，地下 1.4 ~ 10.0m 之间，在地下工程施工中应密切关注该土层，处理不好会极大影响工程的质量与进度。

淤泥质黏土主要分布于地下 1.4 ~ 10.0m 之间，浅部地下工程施工中经常遇到。它具有天然含水率高、孔隙比大、压缩性高、强度低、渗透系数小的特点，一般呈流塑状态，因此具有触变性、高压缩性、流变性，而对工程产生不利影响。在地下工程中，当基坑或硐室开挖后，淤泥质黏土失去侧限，将发生流塑挤出变形，从而导致基坑的边坡坍塌、裂缝及洞室顶板侧壁的冒顶偏帮甚至埋陷等。

粉土层渗透变形及砂土层液化问题。雄安新区第四系全新统及上更新统分布着数层粉土层和粉细砂、中砂，粉土层在汛期高水头压力作用下，易产生散浸、管涌等渗透变形；而砂土层易产生"流沙"及砂土震动液化。因此，在地下工程施工中应注意这些粉土层和砂土层的分布以及处理。

2.1.5 雄安新区的植被

雄安新区有华北地区最大的淡水湖泊——白洋淀，水资源丰沛，造就了当地优良的生态环境。雄县绿化覆盖面积 3.68km², 绿化覆盖率达到 37%；容城建成三型城镇（林荫型、景观型、休闲型），县城绿化覆盖率超过 35%，绿地覆盖率达到 30%；安新县西—南—北有冲积洼地平原，东有白洋淀，受黄河改道及永定河、滹沱河冲积扇的影响，形成特殊形貌，自然风光秀丽。

雄安新区共 104 科 641 种植物。其中除菊科（71 种）、禾本科（59 种）、豆科（46 种）、蔷薇科（40 种）、苋科（29 种）、莎草科（28 种）、十字花科（22 种）、唇形科（19 种）、蓼科（21 种）、葫芦科（13 种）、木樨科（11 种）、茄科（11 种）、杨柳科（11 种）、天南星科（10 种）、旋花科（10 种）、眼子菜科（10 种）外，其余各科种类在 9 种以下，有 38 个科仅有 1 种。

雄安新区分布频数较高的物种有 22 种，大多为绿化树种，如加杨、槐、榆树、旱柳等；还有一部分为农作物，如玉米、高粱、枣、胡桃、丝瓜等，可见雄安新区植物人为干扰痕迹重。

2.2 雄安新区造园工艺工法竞赛

2.2.1 工艺工法展示竞赛概况

为深入贯彻落实"高起点规划，高标准建设雄安新区"的要求，积极探索雄安新区风景园林高质量建设路径，打造新区优美自然、宜居宜业的生态环境，由中国雄安集团生态建设投资有限公司主办，中铁三局集团有限公司、江苏兴业环境集团有限公司承办的"2020（雄安）造园工艺工法展示竞赛"于 2020 年 10 月 28 日在悦容公园中苑正式落下帷幕。2020（雄安）造园工艺工法展示竞赛活动于 2020 年 8 月 27 日正式启动，从报名、初选、现场制作、考评总结共历时 45 天。该活动也为国内各大园林建设单位提供了交流展示的平台，参赛团队在施工过程中对每一个细节都严格把控，体现出对设计师的尊重以及对设计作品效果的极致追求。在园林新材料新工艺征集展示参赛中，各家企业展示了行业内先进的材料和高新的技术，为后续雄安新区绿地建设提供了新的思路和方法。

本届竞赛，各参赛单位完成了高水平的建设成果，体现了园林行业造园工艺工法的高质量、高水平。以2020（雄安）造园工艺工法展示竞赛为基础，综合专家意见，总结梳理其具有借鉴意义的施工工艺、工法具体施工步骤、质量验收标准等详细内容，旨在为雄安新区园林建设提供明确施工指导，未来可以继续为高起点规划、高标准建设雄安新区提供新灵感和新思路。

本次活动选择园路广场、建筑构筑、家具小品、古典建筑工程4大类开展工艺工法展示竞赛，由以下2组类别赛组成：

（1）行业精英团队造园工艺工法样板段竞赛

行业精英团队造园工艺工法样板段竞赛属于命题竞赛。组委会根据雄安新区在建园林项目实际需要，对园路广场、建筑构筑、家具小品、古典建筑4类关键项目开展工艺工法竞赛。行业精英团队可根据自身实际情况，按照组委会提供的设计图纸、竞赛规则，选择其中1类或多类报名，在新区指定展示区内开展竞赛活动并编制成果报告。

（2）园林新材料、新工艺征集展示竞赛

园林新材料、新工艺征集展示竞赛属非命题竞赛。此部分竞赛活动不设参赛项目清单，参赛团队选择园林行业内工艺独特、材料新颖、推广应用前景广阔的新材料、新工艺作品报名参赛。其中，行业精英团队造园工艺工法中园路铺装样板段竞赛的工程建设内容清单见表2-1。

2.2.2 园路铺装的比赛图纸及成果展示

图2-1～图2-94所示为本次工艺工法展示竞赛的设计图纸与完成单位的优秀成果。

园路铺装样板段竞赛的项目   表 2-1

序号	项目名称	选项	备注
1	一级园路 4.0×6.0（m）（含路面 LOGO 段及与慢跑并行段）	必选项	必选项
2	街区铺装 4.0×5.0（m）	必选项	
3	自行车道 4.0×6.0（m）	可选项	3 项可选项中最多选 1 项
4	二级园路（人行与慢跑并行段）3.0×4.0（m）	可选项	
5	二级园路（含排水沟）3.0×4.0（m）	可选项	
6	三级园路（一）3.0×2.0（m）	可选项	8 项可选项中最多选 1 项
7	三级园路（二）3.0×2.0（m）	可选项	
8	三级园路（三）3.0×2.0（m）	可选项	
9	三级园路（四）3.0×1.5（m）	可选项	
10	三级园路（五）3.0×1.5（m）	可选项	
11	三级园路（六）3.0×1.5（m）	可选项	
12	三级园路（七）3.0×2.0（m）	可选项	
13	三级园路（八）2.5×2.5（m）	可选项	
14	密缝碎拼铺装 2.5×2.5（m）	可选项	3 项可选项中最多选 1 项
15	湿地栈道铺装 2.0×2.7（m）	可选项	2 个必选项，28 个可选项中选 6 项
16	竹木地板铺装 2.0×1.0（m）	可选项	
17	广场铺装（一）1.8×3.6（m）	可选项	3 项可选项中最多选 1 项
18	广场铺装（二）1.8×3.6（m）	可选项	
19	入口铺装（长条花岗岩碎拼）2.0×2.0（m）	可选项	
20	花街铺地：冰纹梅花 1.0×1.0（m）	可选项	5 项可选项中最多选 1 项
21	花街铺地：万字海棠 1.0×1.0（m）	可选项	
22	花街铺地：芝花海棠 1.0×1.0（m）	可选项	
23	花街铺地：十字海棠 1.0×1.0（m）	可选项	
24	片岩立栽铺装 3.0×2.0（m）	可选项	
25	宋式莲瓣纹样地刻，0.9×1.28（m）	可选项	6 项可选项中最多选 1 项
26	卷草地刻，1.05×0.15（m）	可选项	
27	缠枝莲地刻，1.2×1.2（m）	可选项	
28	玄花纹地刻，0.9×0.9（m）	可选项	
29	荷花纹地刻，直径 0.8（m）	可选项	
30	角花地刻，0.6×0.6（m）	可选项	

1. 一级园路

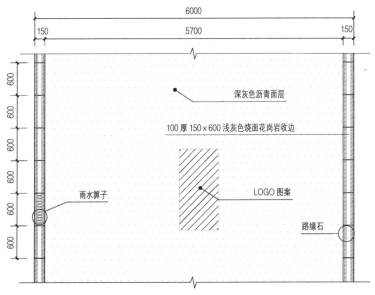

图 2-1　一级园路（含路面 LOGO）标准段平面图

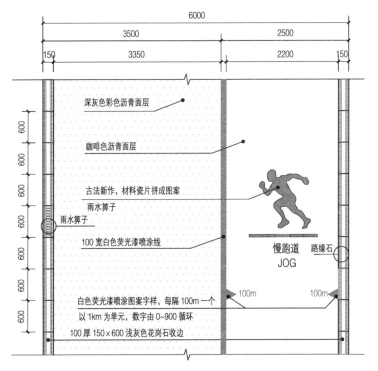

图 2-2　一级园路（与慢跑并行段）标准段平面图

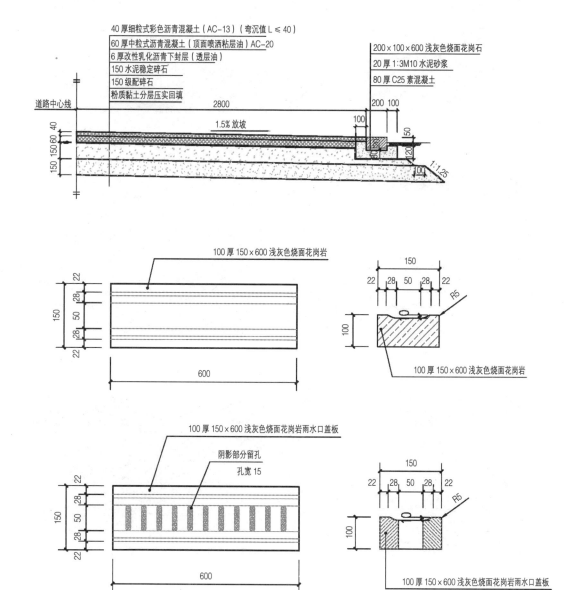

图 2-3　一级园路做法及细部

图 2-4　一级园路（含路面 LOGO）完成图
（施工单位：深圳文科园林股份有限公司①）

图 2-5　一级园路（含路面 LOGO）完成图
（施工单位：武汉市园林工程有限公司＆中国二十二冶集团
有限公司②）

图 2-6　一级园路（含路面 LOGO）完成图
（施工单位：上海嘉来景观工程有限公司③）

图 2-7　一级园路（含路面 LOGO）完成图
（施工单位：上海铃路道路铺装工程有限公司＆苏州香山古
建园林工程有限公司④）

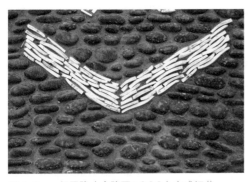

图 2-8　一级园路（含路面 LOGO）完成细节
（施工单位：上海铃路＆香山古建）

图 2-9　一级园路（含路面 LOGO）完成图
（施工单位：上海铃路＆香山古建）

①以下简称"深圳文科"。
②以下简称"武汉园林＆二十二冶"。
③以下简称"上海嘉来"。
④以下简称"上海铃路＆香山古建"。

2. 街区铺装

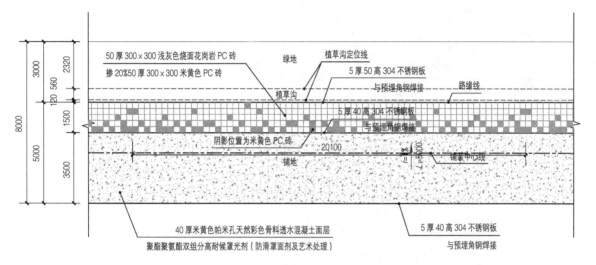

图 2-10 共享街区标准段平面图

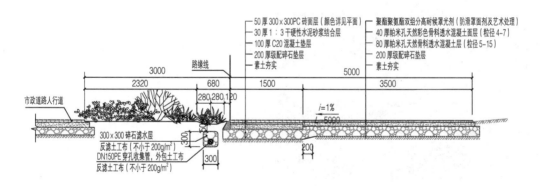

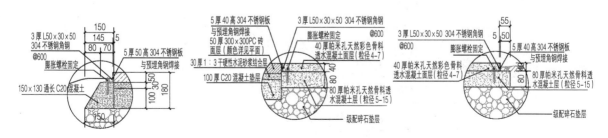

图 2-11 共享街区标准段剖面图及节点详图

图 2-12　街区铺装完成图
（施工单位：深圳文科）

图 2-13　街区铺装完成图
（施工单位：中铁十一局集团有限公司[1]）

图 2-14　街区铺装完成图
（施工单位：武汉园林 & 二十二冶）

图 2-15　街区铺装完成图
（施工单位：上海嘉来）

---

[1] 以下简称"中铁一局"。

3. 自行车道

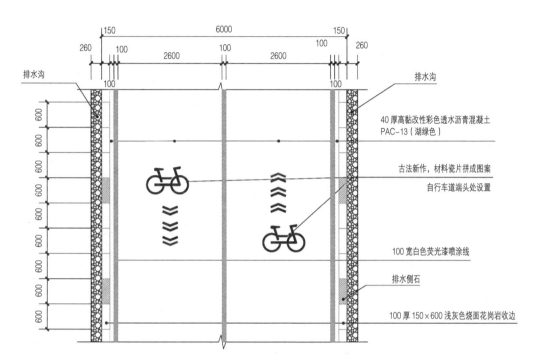

排水沟

40 厚高黏改性彩色透水沥青混凝土
PAC-13（湖绿色）

古法新作，材料瓷片拼成图案
自行车道端头处设置

100 宽白色荧光漆喷涂线

排水侧石

100 厚 150×600 浅灰色烧面花岗岩收边

图 2-16　自行车道平面图

图 2-17　自行车道完成图
（施工单位：中铁十一局）

图 2-18　自行车道完成细节
（施工单位：上海铃路 & 香山古建）

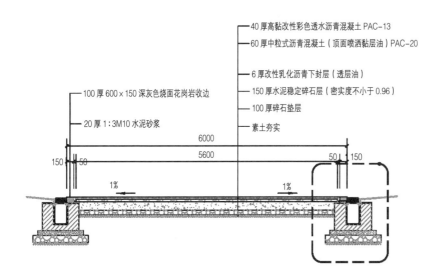

40 厚高黏改性彩色透水沥青混凝土 PAC-13
60 厚中粒式沥青混凝土（顶面喷洒黏层油）PAC-20
6 厚改性乳化沥青下封层（透层油）
150 厚水泥稳定碎石层（密实度不小于 0.96）
100 厚碎石垫层
素土夯实

100 厚 600×150 深灰色烧面花岗岩收边
20 厚 1:3M10 水泥砂浆

6000
5600
150 50
50 150
1%
1%

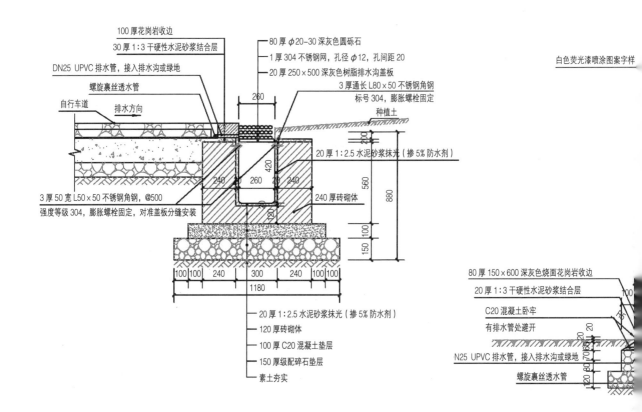

100 厚花岗岩收边
30 厚 1:3 干硬性水泥砂浆结合层
DN25 UPVC 排水管，接入排水沟或绿地
螺旋裹丝透水管
自行车道
排水方向

80 厚 φ20-30 深灰色圆砾石
1 厚 304 不锈钢网，孔径 φ12，孔间距 20
20 厚 250×500 深灰色树脂排水沟盖板
3 厚通长 L80×50 不锈钢角钢
标号 304，膨胀螺栓固定
种植土

260

白色荧光漆喷涂图案字样

20 厚 1:2.5 水泥砂浆抹光（掺 5% 防水剂）
3 厚 50 宽 L50×50 不锈钢角钢，@500
强度等级 304，膨胀螺栓固定，对准盖板分缝安装

240 厚砖砌体

240 260 420 240
560
880

100 100 240 300 240 100 100
1180

20 厚 1:2.5 水泥砂浆抹光（掺 5% 防水剂）
120 厚砖砌体
100 厚 C20 混凝土垫层
150 厚级配碎石垫层
素土夯实

80 厚 150×600 深灰色烧面花岗岩收边
20 厚 1:3 干硬性水泥砂浆结合层
C20 混凝土卧牢
有排水管处避开
N25 UPVC 排水管，接入排水沟或绿地
螺旋裹丝透水管

图 2-19　自行车道剖面图及详图

4. 二级园路（人行与慢跑并行段）

图 2-21 二级园路（人行与慢跑并行段）
完成图
（施工单位：上海嘉来）

图 2-22 自行车道完成图局部
（施工单位：上海铃路 & 香山古建）

古法新作，材料瓷片拼成图案
慢跑道每隔 1km 一个
40 厚高黏改性彩色透水沥青混凝土
PAC-13（咖啡色）
40 厚 150×450 深灰色花岗岩工字铺
20% 荔枝面，80% 烧面
80 厚 150×600 浅灰色烧面花岗岩收边
白色荧光漆喷涂图案字样，每隔 100m 一个
以 1km 为单元，数字由 0~900 循环
100 宽白色荧光漆喷涂线

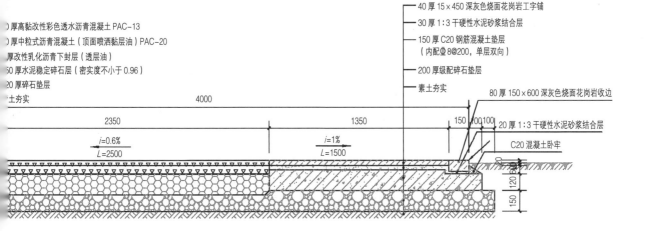

）厚高黏改性彩色透水沥青混凝土 PAC-13
）厚中粒式沥青混凝土（顶面喷洒黏层油）PAC-20
厚改性乳化沥青下封层（透层油）
50 厚水泥稳定碎石层（密实度不小于 0.96）
20 厚碎石垫层
土夯实

40 厚 15×450 深灰色烧面花岗岩工字铺
30 厚 1:3 干硬性水泥砂浆结合层
150 厚 C20 钢筋混凝土垫层
（内配 ⌀ 8@200，单层双向）
200 厚级配碎石垫层
素土夯实
80 厚 150×600 深灰色烧面花岗岩收边
20 厚 1:3 干硬性水泥砂浆结合层
C20 混凝土卧牢

图 2-20 二级园路（人行与慢跑并行段）标准段设计图

5.二级园路（含排水沟）

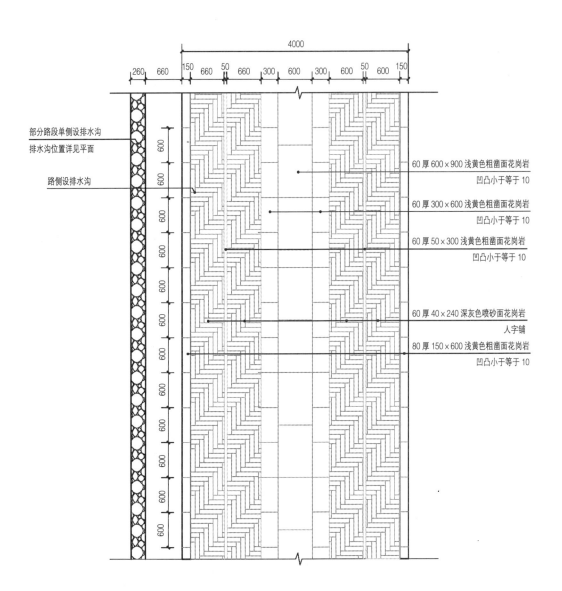

图 2-23　二级园路（含排水沟）平面图

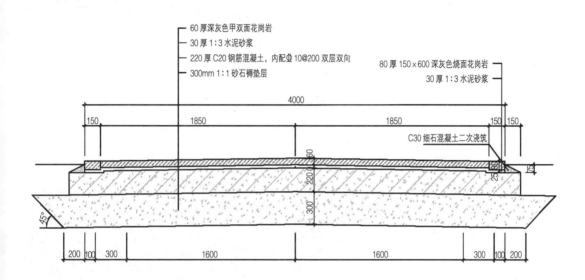

60 厚深灰色甲面双面花岗岩
30 厚 1:3 水泥砂浆
220 厚 C20 钢筋混凝土, 内配Φ 10@200 双层双向
300mm 1:1 砂石褥垫层

80 厚 150×600 深灰色烧面花岗岩
30 厚 1:3 水泥砂浆

4000

150   1850   1850   150 150

C30 细石混凝土二次浇筑

200 100 300   1600   1600   300 100 200

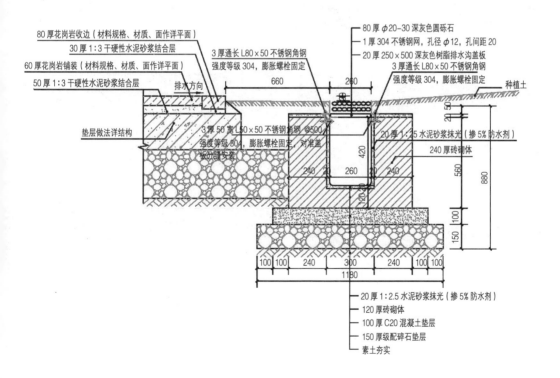

80 厚花岗岩收边（材料规格、材质、面作详平面）
30 厚 1:3 干硬性水泥砂浆结合层
60 厚花岗岩铺装（材料规格、材质、面作详平面）
50 厚 1:3 干硬性水泥砂浆结合层

排水方向

垫层做法详结构

3 厚通长 L80×50 不锈钢角钢
强度等级 304, 膨胀螺栓固定

660   260

3 厚 50 宽 L50×50 不锈钢角钢 @500
强度等级 304, 膨胀螺栓固定, 对准盖
板加焊安装

80 厚 φ20-30 深灰色圆砾石
1 厚 304 不锈钢网, 孔径 φ12, 孔间距 20
20 厚 250×500 深灰色树脂排水沟盖板
3 厚通长 L80×50 不锈钢角钢
强度等级 304, 膨胀螺栓固定

种植土

20 厚 1:2.5 水泥砂浆抹光（掺 5% 防水剂）
240 厚砖砌体

420   560   880

240   260   240

240   120   120

100 100 240   300   240 100 100
1180

20 厚 1:2.5 水泥砂浆抹光（掺 5% 防水剂）
120 厚砖砌体
100 厚 C20 混凝土垫层
150 厚级配碎石垫层
素土夯实

图 2-24 二级园路断面结构图及详图

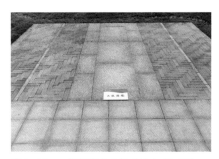

图 2-25　二级园路（含排水沟）完成图
（施工单位：深圳文科）

图 2-26　二级园路（含排水沟）完成图
（施工单位：中铁十一局）

图 2-27　二级园路（含排水沟）完成图
（施工单位：武汉园林＆二十二冶）

图 2-28　二级园路（含排水沟）面层细节
（施工单位：武汉园林＆二十二冶）

图 2-29　二级园路（含排水沟）完成图
（施工单位：香山古建）

图 2-30　二级园路（含排水沟）完成图
（施工单位：沈阳市绿化造园建设集团有限公司①）

---

①以下简称"沈阳绿化"。

6. 三级园路（一）

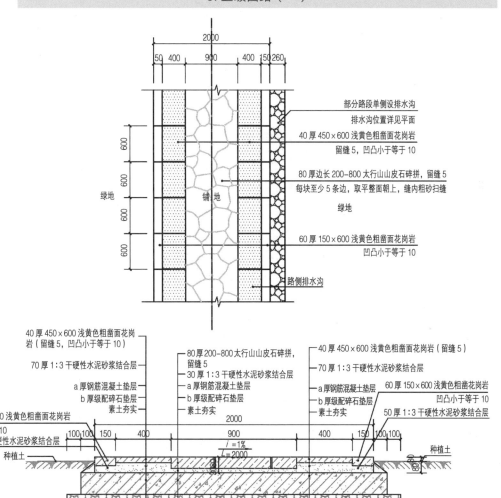

部分路段单侧设排水沟
排水沟位置详见平面
40 厚 450×600 浅黄色粗凿面花岗岩
留缝 5，凹凸小于等于 10

80 厚边长 200-800 太行山山皮石碎拼，留缝 5
每块至少 5 条边，取平整面朝上，缝内粗砂扫缝
绿地

60 厚 150×600 浅黄色粗凿面花岗岩
凹凸小于等于 10

路侧排水沟

40 厚 450×600 浅黄色粗凿面花岗岩（留缝 5，凹凸小于等于 10）
70 厚 1:3 干硬性水泥砂浆结合层
a 厚钢筋混凝土垫层
b 厚级配碎石垫层
素土夯实

80 厚 200-800 太行山山皮石碎拼，留缝 5
30 厚 1:3 干硬性水泥砂浆结合层
a 厚钢筋混凝土垫层
b 厚级配碎石垫层
素土夯实

40 厚 450×600 浅黄色粗凿面花岗岩（留缝 5）
70 厚 1:3 干硬性水泥砂浆结合层
a 厚钢筋混凝土垫层
b 厚级配碎石垫层
60 厚 150×600 浅黄色粗凿面花岗岩
凹凸小于等于 10
50 厚 1:3 干硬性水泥砂浆结合层

60 厚 150×600 浅黄色粗凿面花岗岩
凹凸小于等于 10
30 厚 1:3 干硬性水泥砂浆结合层
种植土

种植土

图 2-31 三级园路（一）设计图

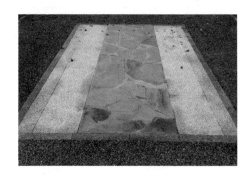

图 2-32 三级园路（一）完成图
（施工单位：沈阳绿化）

7. 三级园路（二）

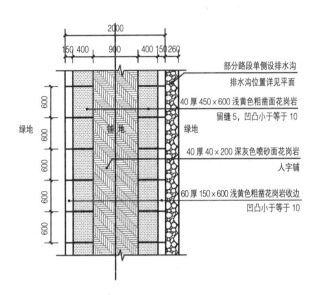

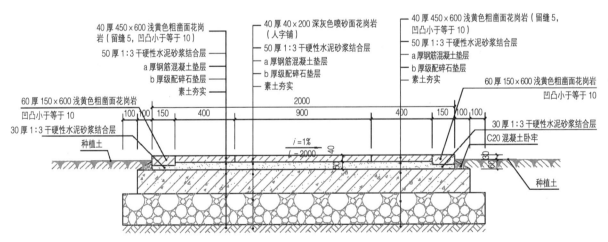

图 2-33　三级园路（二）设计图

该比赛选项没有参赛单位选择实施，故没有完成的效果图。

8. 三级园路（三）

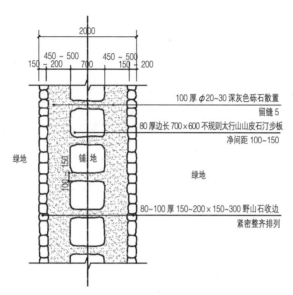

100 厚 φ20~30 深灰色砾石散置
留缝 5
80 厚边长 700×600 不规则太行山山皮石汀步板
净间距 100~150

绿地

铺地

绿地

80~100 厚 150~200×150~300 野山石收边
紧密整齐排列

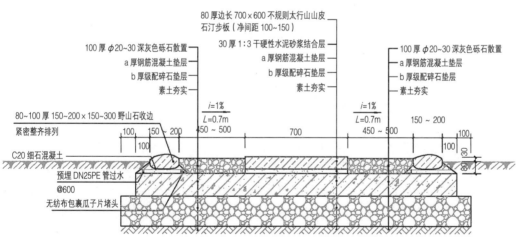

80 厚边长 700×600 不规则太行山山皮
石汀步板（净间距 100~150）
30 厚 1:3 干硬性水泥砂浆结合层
100 厚 φ20~30 深灰色砾石散置
a 厚钢筋混凝土垫层
b 厚级配碎石垫层
素土夯实
100 厚 φ20~30 深灰色砾石散置
a 厚钢筋混凝土垫层
b 厚级配碎石垫层
素土夯实

80~100 厚 150~200×150~300 野山石收边
紧密整齐排列
C20 细石混凝土
预埋 DN25PE 管过水
@600
无纺布包裹瓜子片堵头

图 2-34 三级园路（三）设计图

图 2-35 三级园路（三）完成图
（施工单位：江苏澳洋生态园林股份有限公司①）
（未完全照图实施）

①以下简称"江苏澳洋"。

9. 三级园路（四）

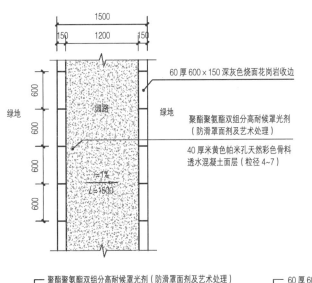

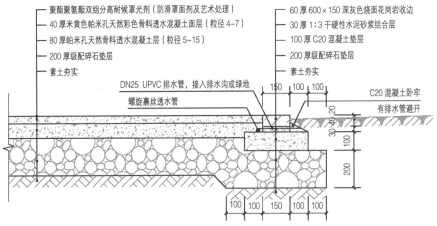

图 2-36　三级园路（四）设计图

图 2-37　三级园路（四）完成图
（施工单位：沈阳绿化）

图 2-38　三级园路（四）完成细节
（施工单位：沈阳绿化）

10. 三级园路（五）

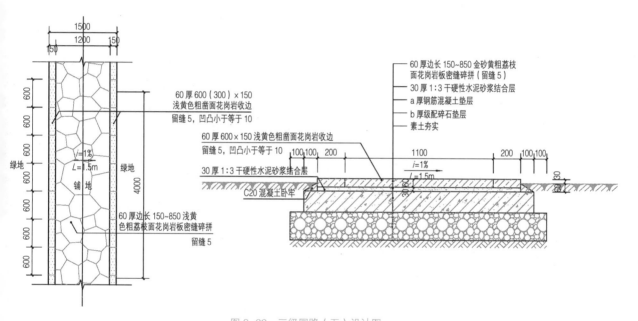

60 厚边长 150~850 金砂黄粗荔枝
面花岗岩板密缝碎拼（留缝 5）
30 厚 1:3 干硬性水泥砂浆结合层
a 厚钢筋混凝土垫层
b 级配碎石垫层
素土夯实

60 厚 600（300）×150
浅黄色粗凿面花岗岩收边
留缝 5，凹凸小于等于 10

60 厚 600×150 浅黄色粗凿面花岗岩收边
留缝 5，凹凸小于等于 10

30 厚 1:3 干硬性水泥砂浆结合层

C20 混凝土卧牢

60 厚边长 150~850 浅黄
色粗荔板面花岗岩板密缝碎拼
留缝 5

图 2-39　三级园路（五）设计图

图 2-40　三级园路（五）完成图
（施工单位：深圳文科）

11. 三级园路（六）

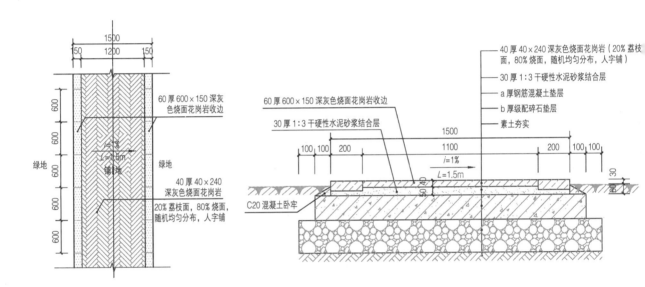

图 2-41　三级园路（六）设计图

图 2-42　三级园路（六）完成图
（施工单位：香山古建）

12. 三级园路（七）

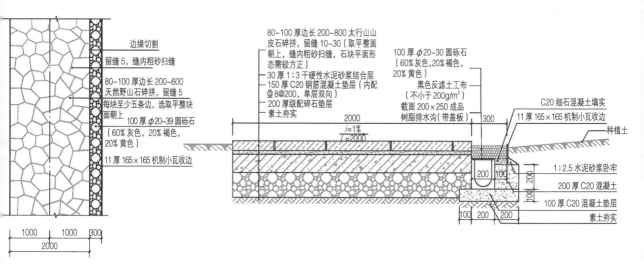

边缘切割

留缝 5，缝内粗砂扫缝

80~100 厚边长 200~600
天然野山石碎拼，留缝 5
每块至少五条边，选取平整块
面朝上

100 厚 φ20~39 圆砾石
（60% 灰色，20% 褐色，
20% 黄色）

11 厚 165×165 机制小瓦收边

80~100 厚边长 200~800 太行山山
皮石碎拼，留缝 10~30（取平整面
朝上，缝内粗砂扫缝，石块平面形
态需较方正）

30 厚 1:3 干硬性水泥砂浆结合层

150 厚 C20 钢筋混凝土垫层（内配
φ8@200，单层双向）

200 厚级配碎石垫层

素土夯实

100 厚 φ20~30 圆砾石
（60% 灰色,20% 褐色,
20% 黄色）

黑色反滤土工布
（不小于 200g/m²）

截面 200×250 成品
树脂排水沟（带盖板）

C20 细石混凝土填实

11 厚 165×165 机制小瓦收边

种植土

1:2.5 水泥砂浆卧牢

200 厚 C20 混凝土

100 厚 C20 混凝土垫层

素土夯实

i=1%
l=2000

1000 1000 300
2000

2000

300

200 100

200 200

100 200 200

图 2-43 三级园路（七）设计图

图 2-44 三级园路（七）完成图：排水沟部分
（施工单位：深圳文科）

13. 三级园路（八）

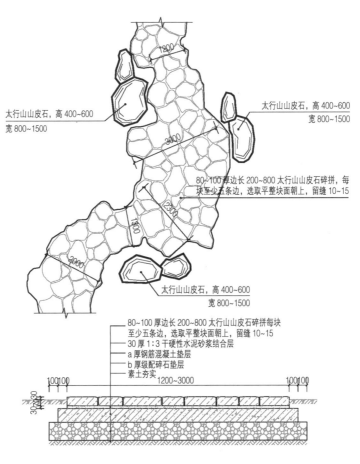

太行山山皮石，高 400~600
宽 800~1500

太行山山皮石，高 400~600
宽 800~1500

80~100 厚边长 200~800 太行山山皮石碎拼，每
块至少五条边，选取平整块面朝上，留缝 10~15

太行山山皮石，高 400~600
宽 800~1500

80~100 厚边长 200~800 太行山山皮石碎拼每块
至少五条边，选取平整块面朝上，留缝 10~15
30 厚 1:3 干硬性水泥砂浆结合层
a 厚钢筋混凝土垫层
b 厚级配碎石垫层
素土夯实

图 2-45　三级园路（八）设计图

图 2-46　三级园路（八）完成图
（施工单位：上海嘉来）

图 2-47　三级园路（八）完成图
（施工单位：武汉园林&二十二冶）

14. 密缝碎拼铺装

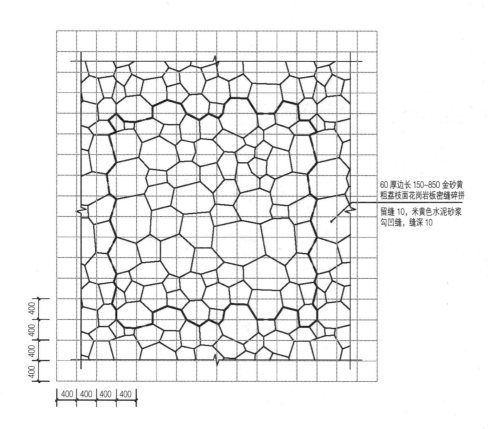

60 厚边长 150~850 金砂黄
粗荔枝面花岗岩板密缝碎拼

留缝 10，米黄色水泥砂浆
勾凹缝，缝深 10

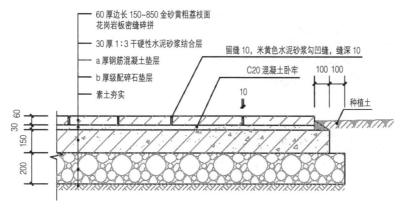

60 厚边长 150~850 金砂黄粗荔枝面
花岗岩板密缝碎拼

30 厚 1:3 干硬性水泥砂浆结合层

a 厚钢筋混凝土垫层

b 厚级配碎石垫层

素土夯实

留缝 10，米黄色水泥砂浆勾凹缝，缝深 10

C20 混凝土卧牢

种植土

图 2-48　密缝碎拼铺装设计图

图 2-49　密缝碎拼铺装完成图
（施工单位：香山古建）

图 2-50　密缝碎拼铺装完成图
（施工单位：武汉园林＆二十二冶）

图 2-51　密缝碎拼铺装完成图
（施工单位：沈阳绿化）

图 2-52　密缝碎拼铺装完成图
（施工单位：中铁十一局）

15. 湿地栈道铺装

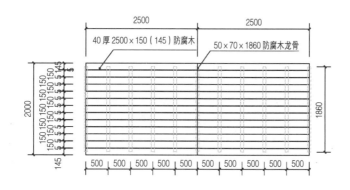

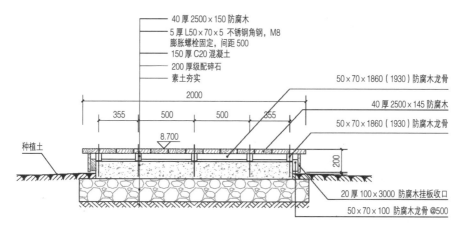

图 2-53　湿地栈道铺装设计图

图 2-54　湿地栈道铺装完成图
（施工单位：泰州市瑞康再生资源利用有限公司[①]）

---

①以下简称"泰州瑞康"。

16. 竹木地板铺装

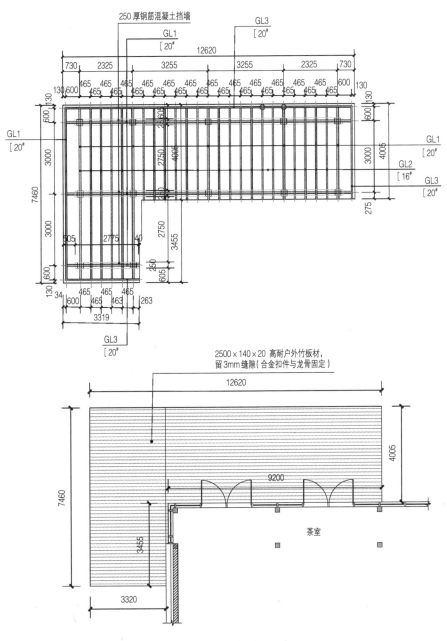

图 2-55　竹木地板铺装设计图

图 2-56　竹木地板铺装完成图
（施工单位：深圳文科）

图 2-57　竹木地板铺装完成图
（施工单位：中铁十一局）

图 2-58　竹木地板铺装完成图
（施工单位：上海嘉来）

17. 广场铺装（一）

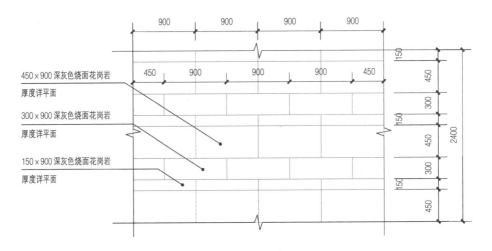

450×900深灰色烧面花岗岩
厚度详平面

300×900深灰色烧面花岗岩
厚度详平面

150×900深灰色烧面花岗岩
厚度详平面

图 2-59　广场铺装（一）设计图

图 2-60　广场铺装（一）完成图
（施工单位：沈阳绿化）

图 2-61　广场铺装一完成图
（施工单位：深圳文科）

图 2-62　广场铺装（一）完成图
（施工单位：中铁十一局）

18. 广场铺装（二）

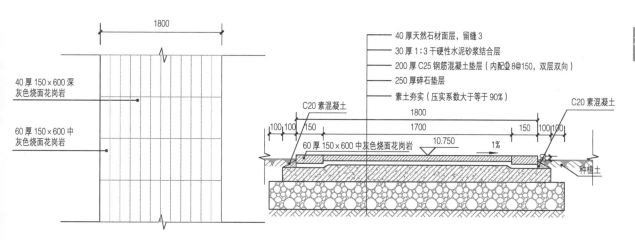

40 厚 150×600 深
灰色烧面花岗岩

60 厚 150×600 中
灰色烧面花岗岩

40 厚天然石材面层，留缝 3
30 厚 1:3 干硬性水泥砂浆结合层
200 厚 C25 钢筋混凝土垫层（内配Φ8@150，双层双向）
250 厚碎石垫层
素土夯实（压实系数大于等于 90%）

C20 素混凝土

C20 素混凝土

1800
1700
100 100 150 150 100 100

60 厚 150×600 中灰色烧面花岗岩 10.750 1%

种植土

图 2-63　广场铺装（二）设计图

图 2-64　广场铺装（二）完成图
（施工单位：北京星河园林景观工程有限公司[①]）

图 2-65　广场铺装（二）完成细节
（施工单位：星河园林）

①以下简称"星河园林"。

19. 入口铺装（长条花岗岩碎拼）

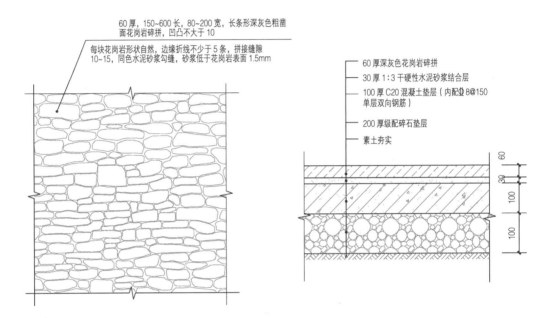

60 厚，150~600 长，80~200 宽，长条形深灰色粗凿面花岗岩碎拼，凹凸不大于 10

每块花岗岩形状自然，边缘折线不少于 5 条，拼接缝隙 10~15，同色水泥砂浆勾缝，砂浆低于花岗岩表面 1.5mm

60 厚深灰色花岗岩碎拼
30 厚 1:3 干硬性水泥砂浆结合层
100 厚 C20 混凝土垫层（内配Φ8@150 单层双向钢筋）
200 厚级配碎石垫层
素土夯实

60
30
100
100

图 2-66　入口铺装（长条花岗岩碎拼）设计图

图 2-67　入口铺装（长条花岗岩碎拼）完成图
（施工单位：香山古建）

图 2-68　入口铺装（长条花岗岩碎拼）完成细节
（施工单位：香山古建）

20. 花街铺地：冰纹梅花

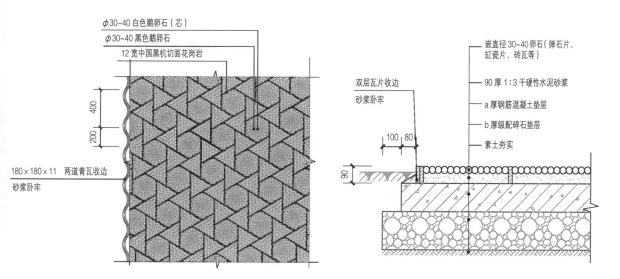

φ30~40 白色鹅卵石（芯）
φ30~40 黑色鹅卵石
12 宽中国黑机切面花岗岩

嵌直径 30~40 卵石（弹石片、缸瓷片、砖瓦等）
90 厚 1:3 干硬性水泥砂浆
a 厚钢筋混凝土垫层
b 厚级配碎石垫层
素土夯实

双层瓦片收边
砂浆卧牢

180×180×11 两道青瓦收边
砂浆卧牢

图 2-69　花街铺地：冰纹梅花设计图

图 2-70　花街铺地：冰纹梅花完成图
（施工单位：香山古建）

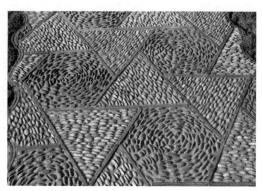

图 2-71　花街铺地：冰纹梅花完成细节
（施工单位：香山古建）

21. 花街铺地：万字海棠

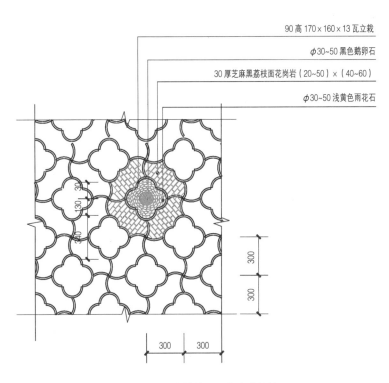

90 高 170×160×13 瓦立栽

φ30~50 黑色鹅卵石

30 厚芝麻黑荔枝面花岗岩（20~50）×（40~60）

φ30~50 浅黄色雨花石

图 2-72　花街铺地：万字海棠设计图

图 2-73　花街铺地：万字海棠完成图
（施工单位：中铁三局集团有限公司 & 江苏兴
业环境集团有限公司[1]）

①以下简称"中铁三局 & 江苏兴业"。

22. 花街铺地：芝花海棠

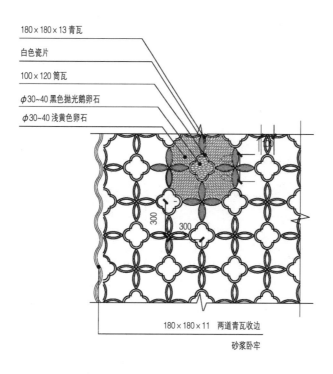

180×180×13 青瓦
白色瓷片
100×120 筒瓦
φ30~40 黑色抛光鹅卵石
φ30~40 浅黄色卵石

180×180×11　两道青瓦收边

砂浆卧牢

图 2-74　花街铺地：芝花海棠设计图

图 2-75　花街铺地：芝花海棠完成图
（施工单位：香山古建）

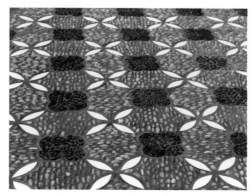

图 2-76　花街铺地：芝花海棠完成图
（施工单位：中铁三局＆江苏兴业）

23. 花街铺地：十字海棠

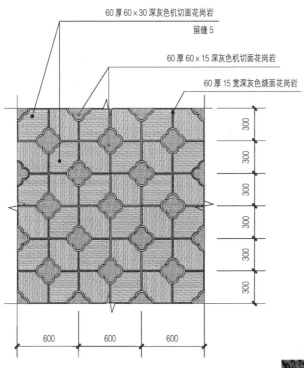

60厚60×30深灰色机切面花岗岩
留缝5
60厚60×15深灰色机切面花岗岩
60厚15宽深灰色烧面花岗岩

图2-77 花街铺地：十字海棠设计图

图2-78 花街铺地：十字海棠完成图
（施工单位：上海嘉来）

图2-79 花街铺地：十字海棠完成图
（施工单位：深圳文科）

24. 片岩立栽铺装

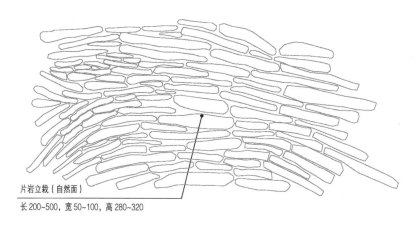

片岩立栽（自然面）

长 200~500，宽 50~100，高 280~320

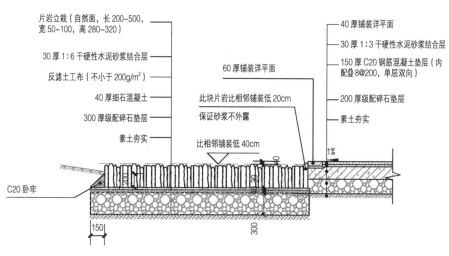

片岩立栽（自然面，长 200~500，宽 50~100，高 280~320）

30 厚 1:6 干硬性水泥砂浆结合层

反滤土工布（不小于 200g/m²）

40 厚细石混凝土

300 厚级配碎石垫层

素土夯实

C20 卧牢

60 厚铺装详平面

此块片岩比相邻铺装低 20cm

保证砂浆不外露

比相邻铺装低 40cm

40 厚铺装详平面

30 厚 1:3 干硬性水泥砂浆结合层

150 厚 C20 钢筋混凝土垫层（内配Φ8@200，单层双向）

200 厚级配碎石垫层

素土夯实

1%

150   300

图 2-80 片岩立栽铺装设计图

图 2-81 片岩立栽铺装完成图
（施工单位：武汉园林＆二十二冶）

25. 宋式莲瓣纹样地刻

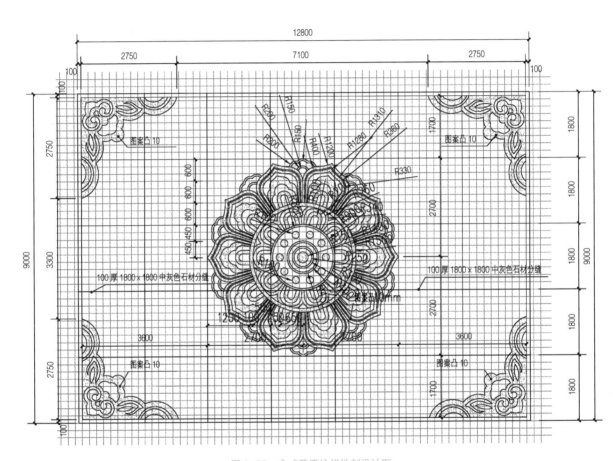

图 2-82 宋式莲瓣纹样地刻设计图

该比赛选项没有参赛单位选择实施，故没有完成的效果图。

26. 卷草地刻

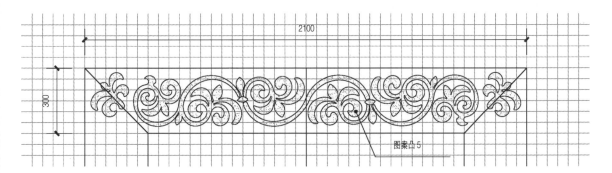

图 2-83　卷草地刻平面图（网格 50mm×50mm）

图 2-84　卷草地刻完成图
（施工单位：香山古建）

27. 缠枝莲地刻

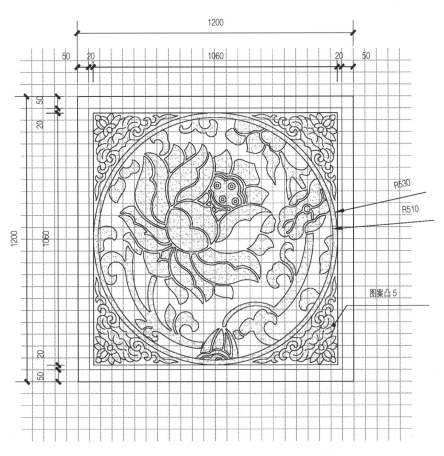

图 2-85　缠枝莲地刻平面图

图 2-86　缠枝莲地刻完成图
（施工单位：上海嘉来）

图 2-87　缠枝莲地刻完成图
（施工单位：武汉园林＆二十二冶）

图 2-88　缠枝莲地刻完成细节
（施工单位：武汉园林＆二十二冶）

28. 玄武纹地刻

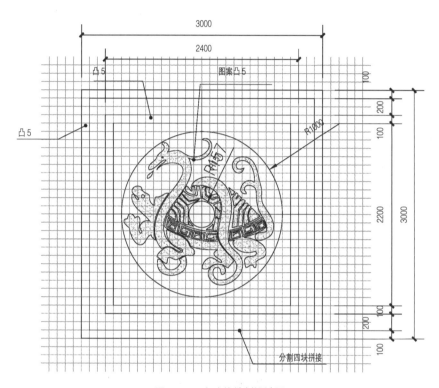

图 2-89　玄武纹地刻设计图

该比赛选项没有参赛单位按照设计图纸实施，仅有其他方式完成类似的图案效果（见图 2-90）。

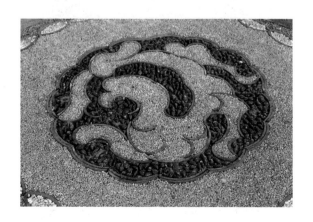

图 2-90　仿玄武纹地刻设计图完成的展品
（施工单位：中交一公局集团有限公司[①]）

———————————

①以下简称"中交一公局"。

29. 荷花纹地刻

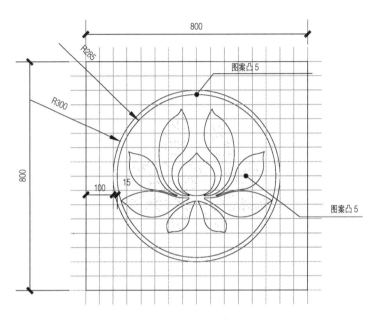

图 2-91　荷花纹地刻设计图

图 2-92　荷花纹地刻完成图
（施工单位：深圳文科）

图 2-93　荷花纹地刻完成图
（施工单位：中铁十一局）

30. 角花地刻

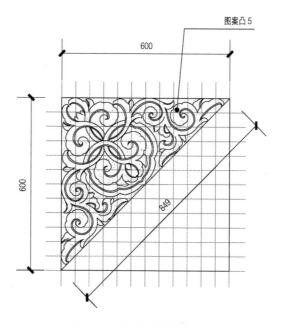

图 2-94　角花地刻设计图

　　该比赛选项没有参赛单位选择实施,故没有完成的效果图。

第 3 章

园路铺装工程的施工准备及地形整理

大凡园筑，必先动土，园路铺装工程也不例外。园林土方地形是一个园林项目的基础，是构成整个园林工程的基础空间。在园路铺装工程开始前，必须先完成园林的地形整理、水体开挖等工程，园路铺装路基路面的填筑是在地形完成以后的标高面上进行的，是附着在这些基本地形之上的后续工程。在园路铺装工程开始之前要进行大量的土方开挖及填筑等工作，甚至是大型土山的堆填工作，方能实施路基碾压等后续工程。

3.1 园路铺装工程的施工准备

园路铺装工程施工前的准备工作主要有：技术准备、施工现场准备、施工人员准备、材料准备等。

3.1.1 技术准备

技术准备是施工准备的核心。由于任何技术的差错或隐患都可能引起人身安全和质量事故，造成返工、延误工期等经济损失，因此必须认真做好技术准备工作。

为了能够按照设计图纸的要求顺利施工，建设成符合设计要求的园林铺地及园路工程；为了能够在拟建工程开工之前，使从事施工技术和经营管理的工程技术人员充分了解和掌握设计的意图、园路的基层构造、面层铺装的特点及技术要求，以及成景的关键部位与整个公园和绿地建设的关系，施工单位必须认真做好熟悉、审查图纸的工作。这是技术准备的一个重要内容。

1. 熟悉设计文件

施工前，施工单位应组织有关人员熟悉设计文件，以便编制施工方案，为施工创造条件。熟悉设计文件应注意的事项包括：

（1）要反复学习和领会设计文件的精神，了解设计者的设计意图与匠心所在，以便更好地指导施工。

（2）要注意设计文件中采用的各项技术指标，认真考虑其技术经济的合理性和施工的可能性。

（3）路面结构组合设计是路面工程的重要环节之一，要注意其形式和特点。

（4）工程造价的计算数据和方法，要仔细校对。不但要注意工程总造价，更要注意分项造价。

（5）全面熟悉和掌握施工图的全部内容，检查各专业之间的预埋管道、管线的尺寸、位置、埋深等是否统一或遗漏，如发现疑问、有误和不妥之处，要及时与设计单位和有关单位联系，共同研究解决并提出有利于施工的合理化建议。

2. 做好现场调查工作

施工现场的基本情况摸查，包括底层土质情况调查、现场有碍施工的障碍物、植物、气象气候条件、水文地质等方面，同时需要了解各种物资资源和技术条件。

3. 做好测量放线的准备工作

做好与设计的结合、配合工作，会同建设单位、监理单位引测轴线定位点、标高控制点以及对原结构进行放线复核。

4. 进行技术交底

工程开工前，技术部门组织施工人员、质安人员、班组长进行交底，针对施工的关键部位、施工难点以及质量、安全要求、操作要点及注意事项等进行全面交底，各班组长接受交底后组织操作工人认真学习，并要求落实在各施工环节。

5. 编制施工方案

施工方案是指导施工和控制预算的文件，一般的施工方案在施工图阶段的设计文件中已经确定，但负责施工的单位应做进一步的调查研究，根据工程特点，结合具体施工条件，编制出更为深入具体的施工方案。

（1）编制施工方案的内容和步骤

1）在熟悉设计文件的过程中，要掌握工程的特点，根据总工程量和所规定的施工期限，确定总的施工方案，其内容应包括：

①所采用的施工形式和步骤；

②布置施工作业段和分项工程，绘制施工总平面图；

③安排施工进度，并确定机械化程度；

④标定施工作业段或分项工程的施工项目。

2）决定各施工作业段和分项工程的施工方法和施工期限，绘制出各自的施工进度图。根据工程进度计算劳动力、机械和工具的需要量，以此订出计划。

3）编制各种材料（包括自采材料和外购材料）供应计划。其内容应包括：

①根据施工进度安排材料进入工地的时间和地点；

②选择运输方式，布置运输路线、确定运输机具的数量；

③确定自采材料的开采和加工方案，并制订生产计划。

④最后汇总编制，并编写说明书。

（2）注意事项

1）深入调查，反复研究，既充分利用有利因素，又注意不利因素，使所编制的施工方案合理、可靠与切实可行。

2）分项工程和各施工作业段的施工期限，应与设计文件中总施工期限吻合。确定施工期限时，把各种因素（如雨、风、雪等气候条件及其他因素），尤其是路面工程的特点考虑周密。各工序和分项工程之间的安排要环环扣紧，做到按时或提前完成任务。

3）已经确定的施工方案，并不是一成不变的。往往在编制方案时可能把一切因素都考虑进去，但在施工过程中还会发现不足之处，因此，应随时予以改正，并合理加以调整。

6. 施工组织准备

包括建立健全现场施工管理体制，对现场进行设施布置，应合理、具体、适当。制订劳动力组织计划表，完善主要机构计划表。

3.1.2 施工现场准备

施工现场是施工的全体参加者为达到优质、高速、低消耗的目标，而有节费、均衡连续地进行施工的活动空间。施工现场的准备工作实质上是整个园林景观工程建设的现场准备工作，而园路铺装只是其中的一部分。主要有以下内容：

1. 做好施工现场的控制网测量

按照建设单位提供的景观工程施工图纸及给定的永久性坐标控制网和水准控制基桩，进行施工测量，设置施工现场的永久性坐标桩、水准基桩和工程测量控制网。

在进行园林地形整理及土方工程建设前，还应进行原始地形测量，这是工程量核算的重要依据。面积较大的连续地块可以取标高平均值，面积小或不连续地块应单独测量标高。建筑垃圾较多的地方应着重标注现状标高，并进行适当的开挖，确定垃圾的埋深，以便确定垃圾量。原始地形报验应附原始地形测量成果记录。

2. 做好"四通一清"，认真设置消火栓

"四通一清"是指水通、电通、道路通畅、通信通畅和场地清理。应按消防要求，设置足够数量的消火栓。

（1）水通

水是施工现场生产和生活用水的关键，开工后，应在现场续接一些水管和水龙头，保证施工、生活的用水。在园路施工一侧开挖临时排水沟，保证雨天不积水，以防止对园路基层造成侵蚀，沉淀后再排入市政管网中。应在施工现场创造一个良好的给水排水系统，确保施工的顺利进行。

（2）电通

电是施工现场的主要动力来源。特别对于园路铺装工程，有大量的石材切割作业，工程开工前，按照施工计划的要求，配备一些电箱以及一些照明电器。

（3）道路通畅

施工现场的道路是组织物资运输的动脉。工程开工前，必须按照施工总平面图的要求，修好施工现场的永久性道路以及必要的临时性道路（见图3-1），形成完整通畅的运输网络，为各种材料与机具的进场、堆放创造有利条件。

如果现场有永久性道路，可以先做永久性道路的基层，基层做完后，可以作为施工便道利用。但是要做好保护工作，在工程结束前，快速进行道路面层的铺装。

（4）通信畅通

施工现场应有一定的通信设施，保证施工过程中的通信，以及应对突发事件。

（5）场地清理

场地清理主要是清理施工现场有碍道路及铺装施工的地上物、地下埋设的管线等，并进行地形整理，根据设计规定标高进行适当的填、挖，整平施工所需要的场地（见图3-2）。

3. 建造临时设施

按照施工总平面图的布置，建造临时设施，为正式开工准备好生产、办公、生活和储存等临时用房。

图 3-1　临时道路修建

图 3-2　施工现场清理及放线

4. 安装、调试施工机具

按照施工机具需要量计划，组织施工机具进场，根据施工总平面图将施工机具安置在规定的地点或仓库。对于固定的机具，要进行就位、搭棚、保养和调试等工作。所有施工机具都必须在开工之前进行检查和试运转。

5. 组织材料进场

做好园林铺地及园路工程铺装材料的堆放，按照施工进度计划组织铺装材料进场，并做好保护工作。

6. 及时提供材料的试验申请计划

按照材料的需要量计划，及时提供材料的试验申请计划。比如：混凝土或砂浆的配合比和强度等试验，水泥原材料的复试等。

7. 做好雨期、冬期施工安排

按照施工组织设计的要求，落实雨期、冬期施工的临时设施和技术措施。

3.1.3　施工人员的准备

为确保园林铺地及园路工程建设的顺利完成，应根据工程的特点，组织有经验的园林铺地及园路铺装的施工人员进场施工。

3.1.4　材料和机具准备

园林铺地及园路工程施工的材料、机具和设备是保证施工顺利进行的物质基础，这些物资的准备工作必须在工程开工之前完成。根据各种物资的需要量计划，分别落实货源，安排运输和储备，使其满足连续施工的要求。

1. 根据施工图纸要求，选用优质的材料

特别是面层铺装材料，应选购一些样品，经建设单位、设计人员看样同意后，再大量采购。有些要经过加工的块石，则应先行加工。材料到工地后，按照要求，进行验证、贮存、防护和标识，并做好各类台账记录。

2. 施工机具的准备

根据采用的施工方案安排施工进度，确定施工机械的类型、数据和进场时间，确定施工机具的供应办法和进场后的存放地点及方式。

3. 测量仪器的准备

测量仪器应按有关规定进行检测校正，凡是没有检测校正过的仪器一律不得使用。对于超过使用期限的仪器应及时进行校正，符合要求才能使用。考虑到园林铺地和园路工程施工场地较大，因此应配备全站仪、经纬仪、水平仪、长卷尺等仪器、器具。

3.2 园林地形整理的施工工艺

3.2.1 园林地形整理的要求

园林地形整理的方法是采用机械和人工结合的方法，对场地内的土方进行填、挖、堆筑等，整造出一个能适应各种项目建设需要的地形。

1. 园林地形整理施工的基本要求

（1）在园林土方造型施工中，地形整理表层土的土层厚度及质量必须达到现行行业标准《园林绿化工程施工及验收规范》CJJ 82中对栽植土的要求。

（2）地形整理的施工既要满足园林景观的造景要求，更要考虑土方造型施工中的安全因素，应严格按照设计要求，并综合考虑土质条件、填筑高度（开挖深度）、地下水位、施工方法、工期因素等。

（3）土壤的种类、土壤的特性与土方造型施工密切相关，填方土料应符合设计要求，保证填方的强度和稳定性，无设计要求时，应符合下列规定：

1）碎石类土、砂石和爆破石碴（粒径不大于每层填土厚度的2/3）可用于离设计地形顶面标高 2m 以下的填土。

2）含水量符合压实要求的黏性土，可作各层填料。

3）碎块草皮和有机质含量大于 8% 的土，仅用于无压实要求的填方。

4）淤泥和淤泥质土，一般不能用作填料，但在软土或沼泽地区，其经过处理，含水量符合压实要求后，可用于填方中的次要部位。

（4）填土应严格控制含水量，施工前应检验。当土的含水量大于最优含水量范围时，应采用翻松、晾晒、风干法降低含水量，或采用换土回填、均匀掺入干土或其他吸水材料等措施来降低土的含水量。若由于含水量过大夯实时产生橡皮土，应翻松晾干至最佳含水量时再填筑。如含水量偏低，可采用预先洒水润湿。土的含水量的简易鉴别方法是：土握在手中成团，落地开花，即为土的最优含水量。通常控制在 18% ~ 22%。

（5）填方宜尽量采用同类土填筑。如采用两种透水性不同的土填筑时，应将透水性较大的土层置于透水性较小的土层之下，边坡不得用透水性较小的土封闭，以免填方形成水囊。

（6）挖方的边坡，应根据土的物理力学性质确定。人工湖开挖的边坡坡度应按设计要求放坡，边坡台阶开挖，应随时做成坡势，以利泄水。

2. 园林地形整理的技术准备工作

（1）土方施工条件复杂，施工时受地质、水文、气候和施工周围环境的影响较大，因此应充分掌握施工区域内、地下障碍物和水文地质等各种资料数据，对施工场地内的地下障碍物进行核查，确认有可能影响施工质量的管线、地下基础、暗沟及其他障碍物，用于指导施工。并充分估计施工中可能产生的不良因素，制定各种相应的预防措施和应急手段。并在开工前做好必要的临时设施，包括临时水、电、照明和排水系统，以及施工便道的铺设等。

图 3-3　施工测量放线

图 3-4　测量放线

（2）在原有建筑物（构筑物）附近挖土和堆筑作业时，应先考虑到对原建（构）筑物是否有外力的作用而引起危害，做好有效的加固准备及安全措施。

（3）在预定挖土和堆筑土方的场地上，应将地表层的杂草、树墩、混凝土地坪预先消除、破碎并运出场地，对需要清除的地下隐蔽物体，由测量人员根据建设单位提供的准确位置图，进行方位测定，挖出表层，暴露出隐蔽物体后，予以清除。然后进行基层处理，由施工单位自检，建设或监理单位验收，未经验收不得进入下道地形整理的工序。

（4）在整个施工现场范围，必须先排除积水，并开掘明沟使之相互贯通，同时开掘若干集水井，防止雨天积水，确保挖掘和填筑的质量，以符合最佳含水标准。

（5）开挖和堆筑在按图放样定位、设置准确的定位标准及水准标高后，方可进行作业（见图 3-3、图 3-4）。特别是在城市规划区内，必须在规划部门勘察的建筑界线范围内进行测量定位，并经有关单位核查无误后，方可开工。

3. 园林地形整理的施工方法

（1）人工湖的开挖

人工湖是地形整理的一项工作内容，在园林工程中是典型的挖方工作。

1）人工湖开挖的程序一般是：测量放线—排降水—按等深线分

层开挖（修坡）—湖岸（修坡）—人工修整。人工湖底有深浅时，应遵循先深后浅或同时进行的施工程序。挖土应自上而下水平分段分层进行，每层 0.3m 左右，边挖边检查人工湖或河流的宽度和坡度，及时修整，至设计标高，再统一进行一次修坡清底，检查人工湖或河流的宽度和标高，要求坑底凹凸不超过 0.2m（见图 3-5）。

2）开挖前，应先进行测量定位，抄平放线，定出开挖边线，按放线分块（段）分层挖土。根据土质、水文情况和设计要求，按设计等深线位置放线，先挖取人工湖中心部位，再按等深线向四周围逐步扩大范围。施工中由测量人员及时跟踪监测，随时进行修正，避免超挖。

3）河（湖）开挖过程中可能会有大量的地下水渗出。每间隔一定距离开掘一个集水坑，坑中积水用泥浆泵抽排，以保证后道工序能正常施工。地面也应做好排水措施，防止地表水流入坑内冲刷边坡，造成塌方和破坏基土。

4）在修整河坡时，为了保证土坡的稳定，挖土机械必须选用斗容量在 $1m^3$ 以下的挖土机作业，不得将作业的挖土机履带与所挖河（湖）边线平行作业、行驶、停放。运土汽车应距开挖边线平行 3m 以外行驶。

5）对河（湖）有石砌驳岸的边线，应结合驳岸的施工，做到及时挖完后立即进行驳岸施工，防止开挖结束后造成土方的自然坍塌，同时应预留驳岸作业的施工空间。

图 3-5　人工湖开挖与整修

（2）土山体堆筑

1）土山体的堆筑、填料应符合设计要求，保证堆筑土山体土料的密实度和稳定性。当在有地下构筑物的顶面堆筑较高的土山体时，可考虑在土山体的中间放置轻型填充材料，如 EPS 板等，以减轻整个山体的重量。

2）土方堆筑时，要求对持力层地质情况作详细了解，并计算山体重量是否符合该地块地基最大承载力，如大于地基承载力则可采取地基加固措施。地基加固的方法有：打桩、设置钢筋混凝土结构的筏形基础、箱形基础等，还可以采用灰土垫层、碎石垫层、三合土垫层等，并且进行强夯处理，以达到符合山体堆筑的承载要求。

3）土山体的堆筑，应采用机械堆筑的方法，采用推土机填土时，应由下而上分层填筑，每层虚铺厚度不宜大于 50cm。

（3）土山体的压实

1）土山体应采用机械进行压实，用推土机来回行驶进行碾压，履带应重叠 1/2。填土可利用汽车行驶作部分压实工作，行车路线须均匀分布于填土层上，汽车不能在虚土上行驶，卸土推平和压实工作须采用分段交叉进行。

2）为保证填土压实的均匀性及密实度，避免碾轮下陷，提高碾压效率，在碾压机械碾压之前，宜先用轻型推土机、拖拉机推平，低速预压 4 ~ 5 遍，使表面平实。

3）碾压机械压实填方时，应控制行驶速度，一般平碾、振动碾不超过 2km/h；并要控制压实遍数。当堆筑接近地基承载力（达承载力的 80%）时，未作地基处理的山体堆筑，应放慢堆筑速率，严密监测山体沉降及位移的变化。

4）已填好的土如遭水浸，把稀泥铲除后，方能进行下一道工序。填土区应保持一定横坡，或中间稍高两边稍低，以利排水。当天填土，应在当天压实。

（4）土山体密实度的检验

土山体在堆筑过程中，每层堆筑的土体均应达到设计的密实度标准，若设计未定标准则应达到 88% 以上，并且进行密实度检验，一般采用环刀法（或翻砂法），才能填筑上层。

（5）土山体的等高钱

土山体的等高线按平面设计及竖向设计施工图进行施工，在山坡的变化处，做到坡度的流畅，每堆筑 1m 高度，对山体坡面按设计等高线的要求进行一次位置及坡度的修整。采用人工作业，以符合山形要求。整个山体堆筑完成后，再根据施工图平面等高线尺寸形状和竖向设计的要求自上而下对整个山体的山形变化点（山脊、山坡、山凹）稍细修整一次。要求做到山体地形不积水，山脊、山坡曲线顺畅、柔和。

（6）土山体的种植土

土山表层种植土要求按照现行行业标准《园林绿化工程施工及验收规范》CJJ 82 的有关规定执行。

（7）土山体的边坡

土山体的边坡应符合设计规定，如无设计规定，对于山体部分大于 23.5° 自然安息角的造型，应该增加碾压次数和碾压层。条件允许的情况下，要分台阶碾压，以达到最佳密实度，防止出现施工中的自然滑坡。

4. 园林地形整理的验收

园林地形整理的验收，应由设计、建设和施工等有关部门共同进行。

（1）人工湖的验收

1）检查人工湖的平面形状、湖岸边坡及湖底的标高是否符合设计要求，湖底的土质原状结构是否发生较大的扰动。检查人工湖的湖底处理是否符合设计要求。

2）若人工湖采取防水措施，则需检查人工湖防水材料的铺设记录及产品合格证书和检验报告，并进行渗水试验。试水时，应将水灌至设计水位标高，连续观察 7 ~ 10d，做好水面升降记录，水面无明显降落则人工湖检验合格。

（2）土山体的验收

1）通过土工试验，土山体密实度及最佳含水量应达到设计标准。检验报告齐全。

2）土山体的平面位置和标高均应符合设计要求，立体造型应体现设计意图。外观质量评定通常按积水点、土体杂物、山形特征表现等几方面评定。

3）雨后，土山体的山凹、山谷不积水，土山体四周排水通畅。

4）土山体的表层土符合现行行业标准《园林绿化工程施工及验收规范》CJJ 82 的有关要求。

3.3 人工挖土施工工艺

3.3.1 适用范围

本工艺标准适用于雄安新区园林地形塑造的小规模挖土工程及园路铺装的浅路基开挖、管沟、基坑、基槽、室内地坪、室外肥槽及散水等的人工挖土施工。

3.3.2 施工准备

1. 主要机具：机动翻斗车、手推车、十字镐、铁锹、大锤、钢钎、钢撬棍等。

2. 作业条件：

（1）土方开挖前，应摸清地下管线等障碍物，并应根据施工方案的要求，将施工区域内的地上、地下障碍物清除和处理完毕。

（2）道路铺装的位置或管沟的定位控制线（桩）、标准水平桩及基槽的灰线尺寸，必须经过检验合格，并办完预检手续。

（3）场地表面要清理平整，做好排水坡度，在施工区域内，要挖临时性排水沟。

（4）夜间施工时，应合理安排工序，防止错挖或超挖。施工场地应根据需要安装照明设施，在危险地段应设置明显标志。

（5）开挖低于地下水位的管沟时，应根据当地工程地质资料，采取措施降低地下水位，一般要降至低于开挖底面 50cm，然后再开挖。

（6）熟悉图纸，做好技术交底。

3.3.3 操作工艺

1. 工艺流程：确定开挖的顺序和坡度—沿灰线切出槽边轮廓线—分层开挖—修整槽边—清底。

2. 坡度的确定：

（1）在天然温度的土中，开挖基坑（槽）和管沟时，当挖土深度不超过下列数值的规定时，可不放坡，不加支撑：

1）密实、中密的砂土和碎石类土（充填物为砂土）：1.0m。

2）硬塑、可塑的黏质粉土及粉质黏土：1.25m。

3）硬塑、可塑的黏土和碎石类土（充填物为黏性土）：1.5m。

4）坚硬的黏土：2.0m。

（2）超过上述规定深度，在 5m 以内时，当土具有天然湿度、构造均匀、水文地质条件好，且无地下水，不加支撑的基坑（槽）和管沟，必须放坡。边坡最陡坡度（高宽比）应符合下列规定：碎石土为 1∶1，黏性土为 1∶1.25，砂土为 1∶1.5。

3. 根据基础和土质以及现场出土等条件，要合理确定开挖顺序，然后再分段分层平均开挖。

（1）开挖各种浅基础，如不放坡时，应先沿灰线直边切出槽边的轮廓线。

（2）开挖各种槽坑：

1）浅条形基础。一般黏性土可自上而下分层开挖，每层深度以 60cm 为宜，从开挖端逆向倒退按踏步形挖掘。碎石类土先用镐翻松，正向挖掘，每层深度，视翻土厚度而定，每层应清底和出土，然后逐步挖掘。

2）浅管沟。与浅条形基础开挖基本相同，仅沟帮不切直修平。标高按龙门板上平往下返，得出沟底标高，当挖土接近设计标高时，再从两端龙门板下面的沟底标高上返 50cm 为基准点，拉小线用尺检查沟底标高，最后修整沟底。

3）开挖放坡的坑（槽）和管沟时，应先按施工方案规定的坡度，粗略开挖，再分层按坡度要求做出坡度线，每隔 3m 左右做出一条，以此线为准进行铲坡。深管沟挖土时，应在沟帮中间留出宽度 80cm 左右的倒土台。

4）开挖大面积浅基坑时，沿坑三面同时开挖，挖出的土方装入手推车或翻斗车，由未开挖的一面运至弃土地点。

4. 开挖基坑（槽）或管沟，当接近地下水位时，应先完成标高最低处的挖方，以便在该处集中排水。开挖后，在挖到距槽底 50cm 以内时，测量放线人员应配合抄出距槽底 50cm 的平线；自每条槽端部 20cm 处每隔 2 ~ 3m，在槽帮上钉水平标高小木橛。在挖至接近槽底标高时，用尺或事先量好的 50cm 标准尺杆，随时以小木橛上平，校核槽底标高。最后由两端轴线（中心线）引桩拉通线，检查距槽边尺寸，确定槽宽标准，据此修整槽帮，最后清除槽底土方，修底铲平。

5. 基坑（槽）管沟的直立帮和坡度，在开挖过程和敞露期间应防止塌方，必要时应加以保护。

在开挖槽边弃土时，应保证边坡和直立帮的稳定。当土质良好时，抛于槽边的土方（或材料）应距槽（沟）边缘 0.8m 以外，高度不宜超过 1.5m。在柱基周围、墙基或围墙一侧，堆土不得过高。

6. 开挖基坑（槽）的土方，在场地有条件堆放时，一定要留足回填需用的好土，多余的土方应一次运至弃土处，避免二次搬运。

7. 土方开挖一般不宜在雨期进行，否则工作面不宜过大，应分段、逐片地分期完成。雨期开挖基坑（槽）或管沟时，应注意边坡稳定。必要时可适当放缓边坡或设置支撑。同时应在坑（槽）外侧围以土堤或开挖水沟，防止地面水流入。施工时，应加强对边坡、支撑、土堤等的检查。

8. 土方开挖不宜在冬期施工。如必须在冬期施工时，其施工方法应按冬期施工方案进行。

采用防止冻结法开挖土方时，可在冻结前用保温材料覆盖或将表层土翻耕粗松，其翻耕深度应根据当地气候条件确定，一般不小于 0.3m。开挖基坑（槽）或管沟时，必须防止基础下的基土遭受冻结。如基坑（槽）开挖完毕后有较长的停歇时间，应在基底标高以上预留适当厚度的松土，或用其他保温材料覆盖，地基不得受冻。如遇开挖土方引起邻近建筑物（构筑物）的地基和基础暴露时，应采用防冻措施，以防产生冻结破坏。

3.3.4 质量标准

1. 开挖标高、长度、宽度、边坡坡度均应符合设计要求。

2. 柱基、基坑（槽）和管沟基底的土质必须符合设计要求，并严禁扰动。

3. 控制好开挖表面平整度及基底土性。

4. 土方开挖工程质量检验标准应符合表 3-1 的规定。

土方开挖（人工挖土）工程质量检验标准   表 3-1

项	序	项目	允许偏差或允许值（mm）					检验方法
			柱基、基坑、基槽	挖方场地平整		管沟	地（路）面基层	
				人工	机械			
主控项目	1	标高	-50	±30	±50	-50	-50	水准仪
	2	长度、宽度（由设计中心线两边量）	+200 -50	+300 -100	+500 -150	+100	—	经纬仪、钢尺
	3	边坡	设计要求					观察或坡度尺检查
一般项目	1	表面平整度	20	20	20	20	20	用 2m 靠尺或楔形塞尺检查
	2	基底土性	设计要求					观察或土样分析

注：地（路）面基层的偏差只适用于直接开挖、填方做地（路）面的基层。

3.3.5 质量记录

本工艺标准应具备以下质量记录：

1. 工程地质勘查报告；

2. 工程定位测量记录；

3. 分项工程质量验收记录。

3.3.6 安全与环保

1. 基坑（槽）开挖，应设水平桩控制基底标高，标桩间距不大于 3.0m，并加强检查，以防止超挖；如发现局部超挖，其处理方法应取得设计单位的同意，不得私自处理。

2. 土方开挖应先从底处开挖，分层分段依次进行，完成最低处的挖方，形成一定坡势，以利泄水，并且不得在影响边坡稳定的范围内积水。

3. 基坑（槽）或管沟底部的开挖宽度，除结构宽度外，应根据施工需要增加工作面宽度。如排水设施、支撑结构所需的宽度，在开挖前均应考虑。

4. 雨期施工:

（1）土方开挖一般不宜在雨期进行，否则工作面不直过大，应分段、分期施工。

（2）雨期开挖基槽或管沟时应注意边坡稳定，必要时可适当放缓边坡或设置支撑，并对坡面进行保护。同时，应在基槽上口围堰筑堤，防止地面水流入。施工时应加强对边坡、支撑、围堰的检查。

5. 冬期施工:

（1）土方开挖不宜在冬期施工。如必须在冬期施工时，应编制相应的冬期施工方案。

（2）冬期挖土应采取措施防止土层冻结，挖土要快速连续，挖土间歇时应进行覆盖，如间歇时间过长，可在冻结前翻松预留一层松土，其厚度宜为250～300mm，并用保温材料覆盖，以防地基土受冻。

（3）如遇开挖土方引起临近建（构）筑物的基础和地基暴露时，应采取相应的防冻和加固措施。

3.3.7 成品保护

1. 对定位标准桩、轴线引桩、标准水准点、龙门板等，挖运土时不得撞碰，也不得在龙门板上休息，并应经常测量和校核其平面位置、水平标高和边坡坡度是否符合设计要求。定位标准桩和标准水准点也应定期复测和检查是否正确。

2. 基底保护：基坑（槽）挖完后应尽快进行下道工序施工，以减少对地基土的扰动。当基础不能及时施工时，可在基底标高以上留出 0.3m 厚的土层，待做基础时再挖掉。

3. 施工中如发现有文物或古墓等，应妥善保护，并应及时报当地有关部门处理。如发现有测量用的永久性标桩或地质、地震部门设置的长期观测点等，应加以保护。在敷设有地上或地下管线、电缆的地段进行土方施工时，应事先取得有关管理部门的书面同意，施工中应采取措施，以防止损坏管线，造成严重事故。

3.4 机械挖土工艺标准

3.4.1 适用范围

本工艺标准适用于雄安新区园林地形塑造的大规模挖湖、河道开挖工程及园路铺装的浅路基开挖、管沟、基坑、基槽以及大面积平整场地等的机械挖土施工。

3.4.2 施工准备

1. 主要机具：

（1）挖土机械：挖掘机、推土机、铲车、自卸汽车等。

（2）一般机具：铁锹（尖、平头两种）、手推车等。

2. 作业条件：

（1）土方开挖前，应根据施工方案的要求，将施工区域内的地下、地上障碍物清除和处理完毕。

（2）建筑物或构筑物的位置或场地的定位控制线（桩）、标准水平桩及开槽的灰线尺寸，必须经过检验合格并办完预检手续。

（3）夜间施工时，应有足够的照明设施；在危险地段应设置明显标志，并要合理安排开挖顺序，防止错挖或超挖。

（4）开挖有地下水位的基坑（槽）、管沟时，应根据当地的工程地质资料，采取措施降低地下水位。一般要降至开挖面以下 0.5m，然后才能开挖。

（5）施工机械进入现场所经过的道路、桥梁和卸车设施等，应事先经过检查，必要时要进行加固或加宽等准备工作。

（6）选择土方机械，应根据施工区域的地形与作业条件、土的类别与厚度、总工程量和工期综合考虑，以能发挥施工机械的效率来确定，编好施工方案。

（7）施工区域运行路线的布置，应根据作业区域工程的大小、机械性能、运距和地形起伏等情况加以确定。

（8）在机械施工无法作业的部位和修整边坡坡度、清理槽底等，均应配备人工进行。

（9）熟悉图纸，做好技术交底。

3.4.3 操作工艺

1. 工艺流程：确定开挖的顺序和坡度—分段分层平均下挖—修边和清底。

2. 坡度的确定：参见第3.3.3节第2条"坡度的确定"。

3. 开挖基坑（槽）或管沟时，应合理确定开挖顺序、路线及开挖深度。

（1）采用推土机开挖大型基坑（槽）时，一般应从两端或顶端开始（纵向）推土，把土推向中部或顶端，暂时堆积，然后再横向将土推离基坑（槽）的两侧。

（2）采用反铲挖土机开挖基坑（槽）或管沟时，其施工方法有两种：

1）端头挖土法：挖土机从基坑（槽）或管沟的端头以倒退行驶的方法进行开挖。自卸汽车配置在挖土机的两侧装运土。

2）侧向挖土法：挖土机一面沿着基坑（槽）或管沟的一侧移动，自卸汽车在另一侧装运土。

（3）挖土机沿挖方边缘移动时，机械距离边坡上缘的宽度不得小于基坑（槽）或管沟深度的1/2。如挖土深度超过5m时，应按专业性施工方案来确定。

4. 土方开挖宜从上到下分层分段依次进行。随时做成一定坡势，以利泄水。

（1）在开挖过程中，应随时检查槽壁和边坡的状态。深度大于1.5m时，根据土质变化情况，应做好基坑（槽）或管沟的支撑准备，以防塌陷。

（2）开挖基坑（槽）和管沟，不得挖至设计标高以下，如不能准确地挖至设计基底标高时，可在设计标高以上暂留一层土不挖，以便在抄平后，由人工挖出。

暂留土层：一般推土机挖土时，为20cm左右；挖土机用反铲、正铲挖土时，以30cm左右为宜。

（3）机械施工挖不到的土方，应配合人工随时进行挖掘，并用手推车把土运到机械挖到的地方，以便及时用机械挖走。

5. 修边和清底。在距槽底设计标高50cm槽帮处，抄出水平线，钉上小木橛，然后用人工将暂留土层挖走。同时，由两端轴线（中心线）引桩拉通线（用小线或镀锌钢丝），检查距槽边尺寸，确定槽宽标准，以此修整槽边。最后清除槽底土方。

（1）槽底修理铲平后，进行质量检查验收。

（2）开挖基坑（槽）的土方，在场地有条件堆放时，一定留足回填需用的好土；多余的土方，应一次运走，避免二次搬运。

6. 雨期、冬期施工

见第 3.3.6 节第 4 条、第 5 条以及第 3.3.3 节第 8 条。

3.4.4 质量标准

见第 3.3.4 节"质量标准"。

3.4.5 质量记录

见第 3.3.5 节"质量记录"。

3.4.6 安全与环保

土方开挖前，应制定防止临近已有建（构）筑物、道路、管线发生下沉和变形的措施。

开挖工程进行时应随时进行作业面的洒水工作，在已基本完工的地段应及时增加防尘网进行地表覆盖，防止扬尘污染（见图 3-6、图 3-7）。

图 3-6　开挖过程的抑尘防护

图 3-7　现场抑制扬尘工作

其他要求参见第 3.3.6 节"安全与环保"。

3.4.7 成品保护

见第 3.3.7 节"成品保护"。

3.5 人工回填土工艺标准

3.5.1 适用范围

本工艺标准适用于雄安新区园林地形塑造的小范围堆山工程及园路铺装的路基修整、管沟、基坑、基槽、室内地坪、室外肥槽及散水等的人工填土施工。

3.5.2 施工准备

1. 材料及主要机具：

（1）土：填方土料应符合设计要求，保证填方的强度和稳定性。如设计无要求时，应符合以下规定：

1）石屑：不含有机杂质，粒径不大于 50mm。

2）黏性土：含水量符合要求，可用作各层填料。

3）碎石类土、砂土和爆破石渣：其最大块粒径不得超过每层铺垫厚度的 2/3，可用作表层以下填料。

4）淤泥和淤泥质土一般不能用作土料。

（2）主要机具：蛙式或柴油打夯机、平板振动器、手推车、筛子（孔径 40～60mm）、木耙、铁锹（尖头与平头）等。

2. 作业条件：

（1）施工前应根据工程特点、填方土料种类、密实度要求、施工条件等，合理确定填方土料含水率控制范围、虚铺厚度和压实遍数等参数；重要回填土方工程，其参数应通过压实试验来确定。

（2）回填前应对基础、基础墙或地下防水层、保护层等进行检查验收，并且要办好隐检手续。其基础混凝土强度应达到规定的要求，方可进行回填土。

（3）房心和管沟的回填，应在完成水电管道安装和管沟墙间加固后再进行。并将沟槽、地坪上的积水和有机物等清理干净。

（4）施工前，应做好水平标志，以控制回填土的高度或厚度。如在基坑（槽）或管沟边坡上，每隔 3m 钉上水平板；室内和散水的边墙上弹上水平线或在地坪上钉上标高控制木桩。

3.5.3 操作工艺

1. 工艺流程：基坑（槽）底地坪清理—检验土质—分层铺土、耙平—夯打密实—检验密实度—修整找平验收。

2. 填土前应将基坑（槽）底或地坪上的垃圾等杂物清理干净；肥槽回填前，必须清理到基础底面标高，将回落的松散垃圾、砂浆、石子等杂物清除干净。

3. 检验回填土的质量：有无杂物，粒径是否符合规定，以及回填土的含水量是否在要求的范围内；土料含水量一般以"手握成团、落地开花"为宜；如含水量偏高，可采用翻松、晾晒或均匀掺入干土等措施；如遇回填土的含水量偏低时，可采用预先洒水润湿等措施。

4. 回填土应分层铺摊。每层铺土厚度应根据土质、密实度要求和机具性能确定。一般蛙式打夯机每层铺土厚度为 200～250mm；人工打夯不大于 200mm。每层铺摊后，随之摊平。

5. 回填土每层至少夯打三遍。打夯应一夯压半夯，夯夯相接，行行相连，纵横交叉。并且严禁采用水浇使土下沉的"水夯"法。

6. 深浅两基坑（槽）相连时，应先填夯深基础；填至浅基坑相同的标高时，再与浅基础一起填夯。如必须分段填夯时，交接处应填成阶梯形，梯形的高宽比一般为 1：2。上下层错缝距离不小于 1.0m。

7. 基坑（槽）回填应在相对的两侧或四周同时进行。基础墙两侧标高不可相差太多，以免把墙挤歪；较长的管沟墙，应采用内部加支撑的措施，然后再在外侧回填土方。

8. 回填房心及管沟时，为防止管道中心线位移或损坏管道，应先用人工在管子两侧填土夯实，由管道两侧同时进行，直至管顶 0.5m 以上时，在不损坏管道的情况下，方可采用蛙式打夯机夯实。在抹带接口处，防腐绝缘层或电缆周围，应回填细粒料。

9. 回填土每层填土夯实后，应按规范规定进行环刀取样，测出干土的质量密度；达到要求后，再进行上一层的铺土。

10. 修整找平填土全部完成后，应进行表面拉线找平，凡超过标准高程的地方，及时依线铲平；凡低于标准高程的地方，应补土夯实。

3.5.4 质量标准

1. 主控项目：

（1）回填土标高必须符合设计要求。

（2）回填土必须按规定分层夯（压）密实。取样测定夯（压）密实后土的干土质量密度，其合格率不应小于90%，不合格的干土质量密度的最低值与设计值的差，不应大于0.08t/m³，且不应集中。环刀取样的方法及数量应符合规定：抽查柱基总数的10%，但不少于5个；基槽和管沟回填每层按长度20～50m取样一组但不少于一组（3个）；场地平整、填方每层按400～900m²取样一组但不少于一组（3个）；基坑和室内回填：按100～500m²取样一组但不少于一组（3个）。

2. 一般项目：

（1）基底处理必须符合设计要求和施工规范的规定。

（2）回填的土料必须符合设计或施工规范的规定。

（3）回填土分层厚度及含水量必须符合设计和施工规范的规定。

（4）回填后表面平整度必须符合设计和施工规范的规定。

（5）回填土工程质量检验标准见表3-2。

回填土工程质量检验标准 表3-2

项目	序	项目	允许偏差或允许值（mm）					检验方法
			柱基、基坑、基槽	挖方场地平整		管沟	地（路）面基层	
				人工	机械			
主控项目	1	标高	-50	±30	±50	-50	-50	水准仪
	2	分层压实系数	设计要求					按规定方法
一般项目	1	回填土料	设计要求					观察或土样分析
	2	分层厚度及含水量	设计要求					水准仪及抽样检查
	3	表面平整度	20	20	20	20	20	水准仪及靠尺检查

注：地（路）面基层的偏差只适用于直接开挖、填方做地（路）面的基层。

3.5.5 质量记录

本工艺标准应具备以下质量记录：

1. 地基隐蔽验收记录；

2. 分项工程质量验收记录；

3. 土工试验记录。

3.5.6 安全与环保

1. 按要求测定土的干土质量密度：回填土每层都应测定夯实后的干土质量密度，符合设计要求后才能铺摊上层土。试验报告要注明土料种类、试验日期、试验结论及试验人员签字。未达到设计要求的部位，应有处理方法和复验结果。

2. 回填土下沉：因虚铺土超过规定厚度或冬期施工时有较大的冻土块，或夯实不够遍数，甚至漏夯，坑（槽）底有有机杂物或落土清理不干净，以及冬期做散水，施工用水渗入垫层中，受冻膨胀等造成。应在施工中认真执行规范的有关规定，并要严格检查，发现问题及时纠正。

3. 管道下部夯填不实：管道下部应按标准要求填夯回填土，如果漏夯、不实会造成管道下方空虚，造成管道折断而渗漏。

4. 回填土夯压不密：应在夯压时对干土适当洒水加以润湿；如回填土太湿同样无法夯打密实而呈"橡皮土"现象，这时应将"橡皮土"挖出，重新换好土再夯实。

5. 夜间施工时，应合理安排施工顺序，设有足够的照明设施，防止铺填超厚，严禁汽车直接倒土入槽。

6. 雨期施工：

（1）基坑（槽）或管沟的回填土应连续进行，尽快完成。施工中注意雨情，雨前应及时夯完已填土层或将表面压光，并做成一定坡势，以利排除雨水。

（2）施工时应有防雨措施，要防止地面水流入基坑（槽）内，以免边坡塌方或基土遭到破坏。

7. 冬期施工：

（1）冬期回填土每层铺土厚度应比常温施工时减少 20% ～ 50%；

其中冻土块体积不得超过填土总体积的15%；其粒径不得大于150mm。铺填时，冻土块应均匀分布，逐层压实。

（2）填土前，应清除基底上的冰雪和保温材料；填土的上层应用未冻土填铺，其厚度应符合设计要求。

（3）管沟底至管顶0.5m范围内不得用含有冻土块的土回填；室内房心、基坑（槽）或管沟不得含冻土块的土回填。

（4）回填土施工应连续进行防止基土或已填土层受冻，应及时采取防冻措施。

3.5.7 成品保护

1. 施工中，对定位标准桩、轴线引桩、标准水准点、龙门板等，填运土时不得撞碰，也不得在龙门板上休息。并应定期复测和检查这些标准桩点是否正确。

2. 基础或管沟的现浇混凝土应达到一定强度，不致因填土而受损坏时，方可回填。

3. 管沟中的管线，肥槽内从建筑物伸出的各种管线，均应妥善保护后，再按规定回填土料，不得碰坏。

3.6 机械回填土工艺标准

3.6.1 适用范围

本工艺标准适用于雄安新区园林地形塑造的大规模堆山工程及园路铺装的路基修整、管沟、基坑、基槽以及大面积平整场地等的机械回填土施工。

3.6.2 施工准备

1. 材料及主要机具：

（1）土：见第3.5.2节第1条第（1）款。

（2）主要机具：

1）装运土方机械：挖掘机、铲车、推土机、自卸汽车及翻斗车等。

2）碾压机械：平碾、羊足碾和振动碾等。

3）一般机具：蛙式或柴油打夯机、手推车、铁锹（平头或尖头）等。

2. 作业条件：

（1）施工前应根据工程特点、填方土料种类、密实度要求、施工条件等，合理确定填方土料含水量控制范围、虚铺厚度和压实遍数等参数；重要回填土方工程，其参数应通过压实试验来确定。

（2）填土前应对填方基底和已完工程进行检查和中间验收，合格后要做好隐蔽检查和验收手续。

（3）施工前，应做好水平高程标志布置。如大型基坑或沟边上每隔 1m 钉上水平桩橛或在邻近的固定建筑物上抄上标准高程点。大面积场地上或地坪每隔一定距离钉上水平桩。

（4）确定好土方机械、车辆的行走路线，应事先经过检查，必要时要进行加固、加宽等准备工作。同时，要编好施工方案。

3.6.3 操作工艺

1. 工艺流程：基坑底地坪清理—检验土质—分层铺土—分层碾压密实—检验密实度—修整找平验收。

2. 基底清理：填土前，应将基土上的洞穴或基底表面上的树根、垃圾等杂物都处理完毕，清除干净。

3. 检验土质：见第 3.5.3 节第 3 条。

4. 分层铺土：填土应分层铺摊。每层铺土的厚度应根据土质、密实度要求和机具性能确定。如无试验数据，应符合表 3-3 的规定。

填土每层的铺土厚度和压实遍数   表 3-3

压实机具	每层铺土厚度（mm）	每层压实遍数（遍）
平碾	250 ~ 300	6 ~ 8
振动平碾	250 ~ 300	3 ~ 4
蛙式、柴油打夯机	200 ~ 250	3 ~ 4
人工打夯	<200	3 ~ 4

5. 碾压机械压实填方时，应控制行驶速度，一般不应超过以下规定：平碾 2km/h；振动碾 2km/h。

6. 碾压时，轮（夯）迹应相互搭接，防止漏压或漏夯。长宽比较大时，填土应分段进行。每层接缝处应做成斜坡形，碾迹重叠。重叠 0.5 ~ 1.0m，上下层错缝距离不应小于 1m。

7. 填方超出基底表面时，应保证边缘部位的压实质量。填土后，如设计不要求边坡修整，宜将填方边缘宽填 0.5m；如设计要求边坡修平拍实，宽填可为 0.2m。

8. 在机械施工碾压不到的填土部位，应配合人工推土填充，用蛙式或柴油打夯机分层夯打密实。

9. 回填土方每层压实后，应按规范规定进行环刀取样，测出干土的质量密度，达到要求后，再进行上一层的铺土。

10. 填方全部完成后，表面应进行拉线找平，凡超过标准高程的地方，及时依线铲平；凡低于标准高程的地方，应补土找平夯实。

3.6.4 质量标准
见"3.5.4 质量标准"。

3.6.5 质量记录
见"3.5.5 质量记录"。

3.6.6 安全与环保

1. 在地形、工程地质复杂地区内的填方，且对填方密实度要求较高时，应采取措施（如排水暗沟、护坡桩等），以防填方土粒流失，造成不均匀下沉和坍塌等事故。

2. 填方基土为杂填土时，应按设计要求加固地基，并要妥善处理基底下的软硬点、空洞、旧基以及暗塘等。

3. 填方应按设计要求预留沉降量，如设计无要求时，可根据工程性质、填方高度、填料种类、密实要求和地基情况等，与建设单位共同确定（沉降量一般不超过填方高度的 3%）。

4. 雨期施工：

（1）雨期施工的填方工程，应连续进行、尽快完成；工作面不宜过大，应分层、分段逐片进行。重要或特殊的土方回填，应尽量在雨期前完成。

（2）雨期施工时，应有防雨措施或方案，要防止地面水流入基坑和地坪内，以免边坡塌方或基土遭到破坏。

5. 冬期施工：

（1）填方工程不宜在冬期施工。如必须在冬期施工时，其施工方法需经过技术经济比较后确定。

（2）冬期填方前，应清除基底上的冰雪和保温材料；距离边坡表层 1m 以内不得用冻土填筑；填方上层应用未冻、不冻胀或透水性好的土料填筑，其厚度应符合设计要求。

（3）冬期施工室外平均气温在−5℃以上时，填方高度不受限制；平均温度在−10 ～−5℃时，填方高度不宜超过 4.5m；平均温度在−15 ～−11℃时，填方高度不宜超过 3.5m；平均温度在−20 ～−16℃时，填方高度不宜超过 2.5m。但用石块和不含冰块的砂土（不包括粉砂）、碎石类土填筑时，可不受填方高度的限制。

（4）冬期回填土方，每层铺筑厚度应比常温施工时减少 20% ～ 25%，其中冻土块体积不得超过填方总体积的 15%；其粒径不得大于 150mm。铺冻土块要均匀分布，逐层压（夯）实。回填土方的工作应连续进行，防止基土或已填方土层受凉。并且要及时采取防冻措施。

其他要求见第 3.5.6 节"安全与环保"第 1、2、4、5 条。

3.6.7 成品保护

1. 夜间施工时，应合理安排施工顺序，要有足够的照明设施。防止铺填超厚，严禁用汽车直接将土倒入基坑（槽）内。但大型地坪不受限制。

2. 回填管沟时，为防止管道中心线位移及损坏管道，应先用人工将管道周围填土夯实，并注意要在管道两侧同时回填，直至管顶 0.5m 以上，在不损坏管道的情况下，方可采用机械回填土和压实。在抹带接口处、防腐绝缘层或电缆周围，应使用细粒土料回填。

其他要求见第 3.5.7 节"成品保护"第 1、2 条。

第 4 章

园路铺装的测量放线及
路基施工

4.1 园路铺装施工的测量放线

园路在施工阶段的测量是指其施工管理阶段所进行的测量，主要任务是按照设计和施工要求，测设路基、路面及附属建构筑物的线型、位置、高程，以保证它们的定位和相互关系的准确，并作为施工管理的依据。

4.1.1 园路中线测量

园路中线测量是把在道路带状地形图上设计好的园路中心线标定在实地上。园路中心线的平面几何线型由直线和曲线组成，线路的起点、终点和转点通称为线路主点。中线测量工作主要包括测设中线上各交点（JD）、转点（ZD）、量距和钉桩、测量转点上的偏角（α）、测设圆曲线等。

1. 交点测设

交点是指园路的转折点，就是路线改变方向时相邻两条直线延长线相交的点。它是布设线路、详细测设直线和曲线的控制点。交点测设的方法主要有：

（1）根据地物测设交点。根据交点与周边地物的关系来测设交点。

（2）根据坐标测设交点。交点坐标在地形图上确定后，利用测图导线按照全站仪放样法将交点放样在地面上。

（3）根据导线点和交点的设计坐标测设。交点根据附近导线点和交点的设计坐标，反算出有关测设数据，按坐标法、角度交会法和距离交会法测设出交点。

（4）拨角法测设交点。该方法是指在地形图上量出纸上定线的交点坐标，反算相邻交点间的直线长度、坐标方位角及路线转交。然后在野外将仪器置于路线中线起点或已确定的交点上，拨出转角，测设直线长度，依此定出各交点位置。

2. 转点的测设

当相邻两交点互不通视时，需要在其连线上测设一点或数点，以供交点、测转折点、量距或延长直线时瞄准之用，这样的点称为转点（ZD）。

3. 路线偏角的测定

偏角是指路线由一个方向偏向另一个方向时，偏转后的方向与原方向的夹角。当偏转后的方向在原方向的右侧，称为右偏角；反之称为左偏角。在路线测量中，转角通常是通过观测路线右角 β 计算求得。在 β 角测定后，测设其分角线方向，定出圆弧中线点方位，在此方向上钉临时桩，以便日后测设园路曲线的中点。

4.1.2 园路施工控制桩测量

园路施工控制桩测量包括施工控制桩测设、路基边桩的测设等工作。

1. 园路施工桩测设

因中桩在施工中要被填埋或挖掉，为了控制中桩的位置，就需要在施工不易被破坏、便于利用保存桩位的地方测设施工控制桩。常用的测设方法有平行线法和延长线法。平行线法是指在地势平坦、直线段较长的路段使用，在路基以外测设两排平行于中线的控制桩，可以随时确定中桩的位置。延长线法是指在道路转弯处的中线延长线上以及曲线中点至交点的延长线上打下施工控制桩。用于坡度较大和直线段较短的地区。园路线的控制桩点应视当地地形条件和地物情况采用有效的方法进行固定。

2. 路基边桩的测设

施工前，要把设计路基的边坡与地面相交的点测设出来，该点称为边桩。边桩位置可以根据图解法或解析法，利用路基填挖高度、边坡率、路基宽度和横断面地形情况，先计算出路基中心桩至边桩的距离，然后实地沿横断面方向按距离将边桩放出来。为标出边坡位置，在放完边桩后进行边坡放样。采用麻绳竹竿挂线法结合坡度样板法，并在放样中考虑预留沉落度。机械施工中，设置牢固而明显的填挖土石方标志，施工中随时检查，发现被碰倒或丢失立即补上。

4.1.3 游步小道的测设

由于园路多为游步道，因此放样方法较为简单。测设中主要将路中心线的交叉点、转弯处和坡度变化点的位置在地面上测设出来，并打桩标定，此桩称为中心桩。中心桩的间距一般在 20m 左右，起伏或转折变化大的道路应加密。此外，还应用水准仪测设出各桩点的填挖高，并标于木桩侧面。

有的园路要求对称或曲线要求圆滑，对弧度有一定的要求，这种情况一般给出曲线半径 R 和圆心 O。测设此类园路可先在地面上测设出圆心 O，然后用皮尺按设计半径 R 的长度在实地画出圆弧，在圆弧上定出若干灰点或撒上白灰线。

4.2 园路铺装的土质路基施工工艺

园路铺装的路基是按照设计的园路及铺装的路线位置，根据一定技术要求修筑的带状构造物，是路面的基础，承受由路面传递下来的行人及车辆荷载。路基是带状的土工建筑，路基施工改变了原有地面的自然状态，挖、填、借、弃土涉及当地生态平衡、水土保持和农田水利等自然环境。路基要求有足够的整体稳定性、足够的强度、足够的水温稳定性。

从工程性质和结构特点来说，路基是一种由土石修筑而成的土工建筑物。它的结构形式虽然简单，但由于是设在地面之上，受地形、地质、水文和气候等自然因素的影响极大，如果设计、施工不当，容易产生各种经常性的病害，导致路面遭到破坏，影响园路铺装的美观，造成行人及车辆交通安全，或耗费大量投资进行修复。

为保证路基强度和稳定性，必须深入进行调查研究，细致分析各种自然因素与路基的关系，抓住主要问题，采取有效措施。一般措施如下：

（1）合理选择路基断面形式，正确确定边坡坡度。

（2）选择强度和水温稳定性良好的土填筑路堤，并采取正确的施工方法。

（3）充分压实土基，提高土基的强度和水稳定性。

（4）做好地面排水，保证水流畅通，防止路基过湿或水毁。

（5）保证路基有足够高度，使路基工作区保持干燥状态。

（6）设置隔离层或隔温层，切断毛细水上升，阻止水分迁移，减少负温差的不利影响。

（7）采取边坡加固与防护措施，以及修筑支挡结构物。

4.3 挖方路基施工工艺

4.3.1 适用范围

本工艺适用于雄安新区园路铺装工程中较大深度开挖的挖方路基施工。浅挖方路基施工方法参考第 3.3 节"人工挖土施工工艺"。

4.3.2 施工准备

1.施工机具与设备

（1）施工机械：推土机、铲运机、平地机、挖掘机、装载机、压路机等。

（2）运输机械：自卸汽车。

（3）施工机械的机械性能和动力性能必须满足施工需要。

2.作业条件

（1）拆迁障碍物

对影响施工的地上、地下建（构）筑物、各种管线等进行调查。开工前，建设单位应召开配合会，请各主管单位对调查结果核实。如有重要地下设施不明，宜进行雷达探测，并应在主管单位人员到现场的情况下进行探测。在取得主管单位同意的情况下，将施工区域内障碍物拆除或搬迁。

（2）设置排水设施

1）在施工区域内设置临时排水沟，或在场地周围地段修筑挡水堤坝。

2）在路堑坡顶部外侧设排水沟时，其横断面和纵向坡度，应经水力计算确定，且底宽与沟深均不宜小于 50cm。排水沟离路堑顶部边缘应有足够的防渗安全距离或采取防渗措施，并在路堑坡顶部筑成倾向排水沟 2% 的横坡。排水沟应采取防冲刷措施。

山坡地段，在较高处（离坡顶 5 ~ 6m）设置截水沟或排洪沟，阻止地面水流入施工区域内。

（3）施工便线的设置不得妨碍规划道路的施工，且符合行车安全要求。

（4）修建临时设施

修好现场供水、供电、供压缩空气（当开挖石方时）管线，并试水、试电、试气。搭设必需的临时工棚（工具、材料库、油库，维修棚、休息棚、茶炉棚）等。

3. 技术准备

（1）施工前图纸会审已经完成并进行了设计交底。

（2）设计交底时所有施工管理人员均应参加，掌握设计意图和要求。发现设计文件有误，或地质情况与原设计不符时，及时向设计单位及建设单位提出质疑与变更设计要求。

（3）路基施工前应根据已编制的施工组织设计、现况地势情况、设计路堑尺寸及土壤种类编制详细的施工方案以及冬雨期等专项方案，上报监理并得到审批。

（4）开挖前对道路工程的高程、平面控制测量、施工测量成果进行校核，无误后方可开始。

4.3.3 操作工艺

1. 工艺流程

测量放线—路堑土方、石方开挖—弃土或利用土—边坡施工—土工试验—测量放样—路床碾压—压实检验。

2. 操作方法

（1）测量放线

施工前校测路中线现况地面高程，并与设计纵断面图核对。在道路中心桩测设后，测量横断面方向，根据道路设计横断面及现况地面高程，放出路堑上、下坡角线及高程控制桩（见图 4-1、图 4-2）。

（2）路堑土方开挖

不论开挖工程量和开挖深度大小，土方开挖均应自上而下进行，禁止乱挖、超挖，不得掏洞取土。开挖路基时，不应直接挖至设计标高，应预留找平压实厚度。

路堑开挖主要方法：

图 4-1　施工测量放线

图 4-2　白灰撒线

图 4-3　土方开挖

1）横挖法：以路堑整个横断面的宽度和深度，从一端或两端逐渐向前开挖的方式称为横挖法。本法适用于短而深的路堑。

人工按横挖法挖路堑时，可在不同高度处分多个台阶挖掘，其挖掘深度视工作和安全而定，一般为 1.5 ~ 2.0m。不论自两端一次横挖到路基标高还是分台阶横挖，均应有单独的运土通道及临时排水设施。

机械按横挖法挖路堑且弃土（或以挖作填）运距较远时，宜用挖掘机配合自卸汽车进行。每层台阶高度可增加至 3 ~ 4m，其余要求同人工挖路堑（见图 4-3）。路堑横挖法也可用推土机进行。若弃土或以挖作填运距超过推土机的经济运距时，可用推土机推土堆积，再用装载机配合自卸汽车运土。

2）纵挖法分为分层纵挖法、通道纵挖法、混合式开挖法和分段纵挖法。

①分层纵挖法：沿路堑全宽以深度不大的纵向分层挖掘前进时称为分层纵挖法。本法适用于较长的路堑开挖。沿路堑分为宽度和深度不大的纵向层次挖掘。在短距离及大坡度时，用推土机作业；在较长、较宽的路堑，且工作面较大时，可用铲运机、推土机、装载机、载重汽车等运土机具联合作业。

②通道纵挖法：先沿路堑纵向挖一通道，然后将通道向两侧拓宽，上层通道拓宽至路堑边坡后，再开挖下层通道，依此向纵深开挖至路基标高称为通道纵挖法。本法适用于路堑较长、较深，两端地面纵坡较小的路堑开挖。

③混合式开挖法：将横挖法、通道纵挖法混合使用，即先顺路堑挖通道，然后沿横向坡面挖掘，以增加开挖坡面。每开挖坡面应容纳一个施工小组，或一台机械，即创造空间工作面。在较大的挖土地段，还可横向再挖沟，以装置传动设备或布置运输车辆。本法适用于路堑纵向长度和挖深都很大的路堑。

④分段纵挖法：沿路堑纵向选择一个或几个适宜处，将较薄一侧堑壁横向挖穿，使路堑分成两段或数段，各段再纵向开挖称为分段纵挖法。本法适用于路堑过长，弃土运距过远的傍山路堑，其一侧堑壁不厚的路堑开挖。

（3）弃土及利用土

弃土应及时清运，不得乱堆乱放。

在地面横坡缓于 1：1.5 的地段，弃土可设于路堑两侧。弃土堆内侧坡脚与堑顶间距离对于干燥土不应小于 3m；对于软湿土不应小于路堑深度加 5m。弃土堆边坡不陡于 1：1.5，顶面向外设不小于 2% 的横坡，弃土堆高度不宜大于 3m。

在地面横坡陡于 1：5 的路段，弃土堆不应设置在路堑顶面的山坡上方，但截水沟的弃土可用于路堑与截水沟间筑路台，应拍打密实，台顶设 2% 的倾向截水沟的横坡。

在山坡上侧的弃土应连续，并在弃土堆上侧设置截水沟；山坡下侧的弃土每隔 50～100m 设不小于 1m 宽的缺口排水，弃土堆坡脚应进行防护加固。

利用土方应按以下规定执行：表层有机质土应清除，所使用的土方必须根据规范要求，进行土工试验。

（4）边坡施工

应配合挖土及时进行挖方边坡的修整与加固。机械开挖路堑时，边坡施工应配以挖掘机或人工分层修刮平整。

当地质条件较好，且无地下水，深度在 5m 以内的路基，其边坡的最陡坡度应符合设计要求。路堑边坡为易塌方土壤，原设计不能保持边坡稳定时，应办理设计变更，并经建设单位（监理工程师）批准。

在施工过程中应根据边坡不稳定的具体原因和不稳定的程度采取以下措施加固：坡面变形不大的边坡（坡面土易冲刷等），可采用植物防护（种草皮）或工程防护（干砌护坡、浆砌片石护坡）；当边坡失稳严重（产生中型以上滑坡等）时，应采取支挡结构防护。

边坡上地下渗水的处理：探明地下水渗出的位置、面积、流量，按设计要求修建边坡渗沟，将地下水引向排水系统。

（5）土工试验

挖方路堑施工完成后，对路基表层土进行土工试验，若发现路基承载力无法满足设计要求时，需经建设、勘察、设计、监理等有关单位批准后进行处理。

挖方路基施工高程，应考虑压实后的下沉量，其预留值由试验确定。

（6）测量放样

路基挖至接近设计标高时，应恢复道路中线、路基边缘线；检查纵断面与横断面高程；复核施工衔接段纵断高程，按设计要求进行路基整形。

（7）压实

路基压实应按先轻后重碾压，碾压遍数应按压实度、压实工具和含水率，经现场试验确定（见图 4-4）。

碾压后采用环刀法或灌砂法检测压实度，如不满足设计、施工规范要求，应继续碾压。

图 4-4　路基碾压

3. 冬雨期施工

（1）冬期施工

挖土地段应据工程现场情况，进行技术经济比较，选择适宜的冻土破碎方法和相应设备。

冻土开挖应尽量做到当日开挖至规定深度，并及时整理碾压成活，成活面及挖土段均应采取防冻措施。

应预先掌握气象变化资料，及时做好防冻工作。现场及其周围采取有效的防冻、防滑措施。

冬期施工中的冻土，堆放时要堆置稳定，严禁掏土。

（2）雨期施工

雨期施工应加强防雨与排水工作，充分利用地形与排水设施，避免因雨水浸泡增大翻浆面积。

应集中工力、设备分段流水、快速施工，不得全线大挖大填。

易翻浆与低洼积水等不利地段，应在雨期前施工。

施工前或大雨后，应对施工地段进行调查，测出土壤含水率及地下水位，以预估翻浆面积，采取措施避免翻浆。

路基因雨产生翻浆时，应立即进行处理，并符合下列要求：逐段处理，不得全线开挖；每段"挖、填、压"应连续成活；翻浆部位土体应全部挖出；小片翻浆相距较近，应予以挖通进行处理；大片翻浆应制定专项方案，集中处理。

应按原地面排水系统做好临时排水沟及时排除积水和雨水。

雨后应检查：路拱及路边沟等排水设施的排水效果；路基积水情况；边沟、集水坑、渗水坑等使用性能。

4.3.4 质量标准

1. 主控项目

（1）挖方路基土方质量检验：

路基压实度应符合表 4-1 的规定。

路基土方压实度（重型击实标准）   表 4-1

填挖类型	路床顶面以下深度（cm）	园路铺装类别	压实度（%）（重型击实）	检查频率		检验方法
				范围	点数	
挖方	0 ~ 30	车行园路与铺装	≥ 95			
		非车行园路与铺装	≥ 93			
填方	0 ~ 80	车行园路与铺装	≥ 95			
		非车行园路与铺装	≥ 93	1000m²	每层 3 点	环刀法、灌水法或灌砂法
	80 ~ 150	车行园路与铺装	≥ 93			
		非车行园路与铺装	≥ 90			
	> 150	车行园路与铺装	≥ 90			
		非车行园路与铺装	≥ 90			

（2）挖方路基弯沉值，不应大于设计规定。

检验数量：每车道、每 20m 检测 1 点。

检验方法：弯沉仪检测。

2. 一般项目

（1）路基土方允许偏差应符合表 4-2 的规定。

路基土方允许偏差   表 4-2

项目	允许偏差	检验频率			检验方法
		范围（m）	点数		
路床纵段高程（mm）	− 20 + 10	20	1		用水准仪测量
路床中线偏位（mm）	≤ 30	100	2		用经纬仪、钢尺量取最大值
路床平整度（mm）	≤ 15	20	路宽（m）	< 9 — 1 9 ~ 15 — 2 > 15 — 3	用 3m 直尺和塞尺连续量两尺，取较大值
路床宽度（mm）	不小于设计值 + B	40	1		用钢尺量
路床横坡	±0.3% 且不反坡	20	路宽（m）	< 9 — 2 9 ~ 15 — 4 > 15 — 6	用水准仪测量
边坡	不陡于设计要求	20	2		用坡度尺量，每侧 1 点

注：B 为施工时必要的附加宽度。

（2）路床应平整、坚实，无显著轮迹、翻浆、波浪、起皮等现象，路堤边坡应密实、稳定、平顺等。

检查数量：全数检查。

检验方法：观察。

4.3.5 质量记录

1. 工程定位测量记录。

2. 测量复核记录。

3. 地基处理记录。

4. 地基钎探记录。

5. 土壤（无机料）最大干密度与最佳含水率试验报告。

6. 土壤压实度试验记录（环刀法）。

7. 压实度试验记录（灌砂法）。

8. 回弹弯沉值记录。

9. 工程质量评定记录。

4.3.6 安全与环保

1. 挖土作业前，主管施工技术人员必须对作业人员进行安全技术交底，应包括下列内容：施工范围内各类地下管线和构筑物的位置、现状及其重要性与损坏后的危害性；路床断面尺寸、边坡和分层开挖深度；挖土方法；安全防范和应急措施；作业人员、机具设备操作工之间的相互配合关系。

2. 人、机配合土方作业，必须设专人指挥。机械作业时，配合人员严禁处在机械作业和走行范围内。配合人员在机械走行范围内作业时，机械必须停止作业。

3. 机械开挖作业时，必须避开构筑物和管线，在距管道边 1m 范围内应采用人工开挖；在距直埋缆线 2m 范围内，必须采用人工开挖。

4. 挖土中遇文物、爆炸物、不明物及设计图纸中未标注的地下管线、构筑物时，必须立即停止施工，保护现场，向上级报告。与有关管理单位联系，研究处理措施，经妥善处理，确认安全并形成文件后，方可恢复施工。

5. 对于附近建（构）筑物等条件所限，路堑坡度不能按设计要求挖掘时，应根据建（构）筑物、工程地质、水文地质、开挖深度等情况，向相关单位提出对建（构）筑物采取加固措施的建议，并办理有关手续，保障建（构）筑物和施工安全。

6. 在天然湿度土质的地区开挖土方，当地下水位低于开挖基面 50cm 以下，且开挖深度不超过下列规定时，可挖直槽（坡度为 1 ：0.05）：砂土和砂砾石：1.0m；亚砂土和亚黏土：1.2m；黏土：1.5m。

7. 路堑边坡设混凝土灌注桩、地下连续墙等挡土墙结构时，应待挡土墙结构强度达到设计要求后，方可开挖路堑土方。

8. 采用机械开挖时应符合下列规定：

（1）挖土作业应设专人指挥。指挥人员应在确认周围环境安全、机械回转范围内无人和障碍物后，方可向机械操作工发出启动信号。挖掘过程中，指挥人员应随时检查挖掘面和观察机械周围环境状况，确认安全。

（2）按施工方案，确定堆土位置、运土路线、机械运转路线。

（3）机械行驶和作业的场地应平整、坚实、无障碍物。地面松软时应结合现状采取加固措施。

（4）严禁挖掘机等机械在电力架空线路下方作业，需在其一侧作业时，必须符合表 4-3 的规定。

施工机械在架空输电线路一侧工作时与线路的最小安全距离   表 4-3

电力架空线路电压（kV）		< 1	10	35	110	220	330	500
安全距离（m）	沿垂直方向	1.5	3.0	4.0	5.0	6.0	7.0	8.5
	沿水平方向	1.5	2.0	3.5	4.0	6.0	7.0	8.5

9. 人工挖土应符合下列规定：

（1）路堑开挖深度大于 2.5m 时，应分层开挖，每层的高度不得大于 2.0m，层间应留平台。平台宽度，对不设支护的槽与直槽间不得小于 80cm；设置井点时不得小于 1.5m；其他情况不得小于 50cm。

（2）作业人员之间的距离，横向不得小于 2m，纵向不得小于 3m。

（3）严禁掏洞和在路堑底部边缘休息。

10. 施工中严禁在有坍塌危险的边坡下方作业、休息和存放机具材料。

11. 在路堑底部边坡附近设临时道路时，临时道路边线与边坡线的距离应依路堑边坡坡度、地质条件、路堑高度而定，且不宜小于 2m。

12. 运输挖掘机械应根据运输的机械质量、结构形式、运输环境等选择相应的平板拖车，采取相应的安全技术措施。

13. 挖除旧道路结构应符合下列规定：

（1）施工前，应根据旧道路结构和现场环境状况，确定挖除方法和选择适用的机具。

（2）现场应划定作业区，设安全标志，非作业人员不得入内。

（3）作业人员应避离运转中的机具。

（4）使用液压振动锤时，严禁将锤对向人、设备和设施。

（5）采用风钻时，空气压缩机操作工应服从风钻操作工的指令。

（6）挖除中，应采取措施保持作业区内道路上各现况管线及其检查井的完好。

（7）挖除后应及时清渣出场至规定地点。

14. 防止大气污染的措施：

（1）施工现场设置洒水车，洒水降尘；施工现场的土堆和易飞扬的料堆使用高密网苫盖；施工中剩余的废料及时清运；在大风天（4级以上），停止土方施工。

（2）为避免遗撒现象，土方和散体材料均使用封闭式运输车辆，在进出施工现场的出入口设置清洗车轮的清洗池和沉淀池，所有施工车辆严禁轮胎带土上路，同时设专人清扫车辆上浮土，严禁车辆脏乱上路；教育司机转弯、上坡减速慢行，避免遗撒，一旦发现运输线路上有遗撒现象及时反馈项目部；项目部对施工运输线路根据运输量定时进行检查，发现遗撒及时清扫。

（3）施工现场使用的各种机动车辆，其尾气排放应达到国家规定的有关标准。

15. 防止水污染的措施：

（1）施工现场、生活区修建施工污水、生活废水处理排水设施，保证不因施工、生活污水污染既有排水设施和周围环境。

（2）禁止向施工现场周边山体及河流倾倒废水和投放废弃物。

（3）施工现场的各种油料存放于库房内，地面进行防渗漏处理。

（4）加强对施工机械设备的检查与维护，防止机械设备产生的漏油和各种废弃物对周边的污染。

16. 防止施工噪声污染的措施：

（1）合理安排土方、材料运输线路，做到既要将施工运输车辆对现况交通体系的影响降到最低，又要将对沿线居民的影响降到最低；施工运输车辆经过居民区时，严格控制行车速度在 30km/h 以内，严禁乱鸣笛。

（2）施工中优先选用低噪声的机械设备。

17. 防止固体废弃物污染的措施：

（1）施工现场各种材料的包装物和施工过程中的固体废弃物按有关规定集中回收处理，对污染较大、无法利用的废弃物及时与当地环保部门联系处理。

（2）废弃原材等物资，按照"谁使用谁负责"的原则，清理退缴。

18. 减少施工对社会交通影响的措施：施工现场按照交通疏导方案，在容易出现交通堵塞的地段附近设专职交通协管员，积极协助交通民警做好施工和社会交通的疏导工作，减少由于施工造成的交通堵塞现象。

19. 减少强光污染的措施：施工照明灯具摆放时，防止对施工范围内社会交通道路上驾驶员的视线造成干扰。

20. 加强对施工范围周边的现况环境的保护，严禁施工中随意破坏，施工完毕后恢复现况地貌。

4.3.7 成品保护

1. 对已经完成的路床尽快进行下一道工序，减少路床暴露时间。

2. 路基、基坑挖好以后，若不能立即进行下一工序时，可在基底以上预留 15 ~ 30cm，待下一工序开始再挖至设计标高。

3. 在已经完成的路床四周设置围挡，防止车辆进入破坏路床。

4. 加强对排水沟等排水设施的维护，防止水流冲刷路床。

4.4 填方路基施工工艺

4.4.1 适用范围

本工艺适用于雄安新区园路铺装工程中填方段路基的施工。

4.4.2 施工准备

1. 材料要求

填方主要材料为土、石方、土石混合料。淤泥、沼泽土、炭泥土、冻土、有机土、含草皮、树根、垃圾和腐朽物质的土不得用于路基施工。对液限大于 50%、塑性指数大于 26、可溶盐含量大于 5%、700℃有机质烧失量大于 8% 的土，未经技术处理不得用作路基填料。

填方材料的强度 CBR 值应符合设计要求，其最小强度值应符合表 4-4 的规定。

路基填料强度（CBR）最小值   表 4-4

填方类型	路床顶面以下深度（cm）	最小强度（%）	
		车行园路铺装	其他园路铺装
路床	0 ~ 30	8.0	6.0
路床	30 ~ 80	5.0	4.0
路基	80 ~ 150	4.0	3.0
路基	> 150	3.0	2.0

填料最大粒径不得大于 100mm。

填方材料中使用工业废渣等需经过试验，确认满足设计要求并经建设单位、设计单位同意后方可使用。

碎石类土、砂土和爆破石渣（粒径不大于每层铺厚的 2/3）可用于表层下的填料。填方土应保持在最佳含水率进行填筑，土壤最佳含水率由试验决定。

2. 机具设备

（1）土方施工机械：推土机、铲运机、平地机、挖掘机、装载机等。

（2）土方运输机械：自卸汽车。

（3）压实机械：压路机、蛙式打夯机、自行式或拖式羊足碾等。

（4）含水率调节机械：旋耕犁、圆盘耙、洒水车、五铧犁等。

（5）测量和检验试验设备：全站仪或经纬仪、水准仪、灌砂桶、环刀、平整度检测仪、弯沉检测仪等。

（6）施工机械的机械性能和动力性能必须满足施工需要。

3. 作业条件

（1）依据设计文件，放样道路中线和高程，以便清理现场和施工。

（2）清除填方基底上的树根、杂草、垃圾、淤泥、冻土、有机土、腐朽土及坑穴中的积水、淤泥和杂物等。

（3）填方破坏原有排水系统时，应在填方施工前做好新的排水系统。

（4）做好土方运输便线，运输便线不得妨碍碾压，且符合车辆行车安全要求。

（5）施工现场、弃土场、暂存土场妨碍施工的各类地上、地下构筑物均已拆改、加固完成。

（6）原地面横向坡度在1∶10～1∶5时，应先翻松表土再进行填土；原地面横向坡度陡于1∶5时应做成台阶形，每级台阶宽度不得小于1m，台阶顶面应向内倾斜；在沙土地段可不作台阶，但应翻松表层土。

4.技术准备

（1）施工前图纸会审已经完成并进行了设计交底。

（2）施工组织设计、冬雨期专项方案已经审批，并进行书面的技术、安全交底。

（3）填方材料的各项试验合格。

（4）路基填方高度应按设计标高的预沉量施工。预沉量应根据工程性质、填方高度、填料种类、压实系数和地基情况与建设单位（监理工程师）、设计单位共同商定并取得确认。

（5）开工前通过试验段施工确定填方分层平行摊铺和压实所用的设备类型及数量，所用设备的组合、压实遍数、压实厚度、松铺系数。试验段的位置由监理工程师现场选定，长度以不小于100m的全幅路基为宜，且不同的填方材料应单独做试验段。

4.4.3 操作工艺

1.工艺流程

测量放线—路基基底处理及填前碾压—分层填筑—推平与翻拌晾晒—碾压—压实后检测。

2.操作方法

（1）测量放线

施工前对路中线现况地面高程进行校测，并与设计纵断面图进行核对。在道路中心桩测设后，依据设计图纸测设填方路基边线，依据道路桩号施测道路高程控制桩。

（2）基底处理及填前碾压

填方前应将原地面积水排干，淤泥、杂物等挖除，并将原地面大致找平。场地清理与拆除完成后，进行填前碾压，使基底达到规定的压实度标准。

（3）填料填筑

1）填土应分层进行。下层填土验收合格后，方可进行上层填筑。路基填土宽度每侧应比设计要求宽，且保留必要的工作宽度。

2）填方宜尽量采用同类土填筑，如采用两种透水性不同的土填筑时，应将透水性较大的土层置于透水性较小的土层之下，边坡不得用透水性较小的土封闭，以免填方形成水囊。

3）路基填筑中宜做成双向横坡，一般土质填筑横坡宜为 2%～3%，透水性小的土类填筑横坡宜为 4%。

4）在路基宽度内，每层虚铺厚度应视压实机具的功能确定。人工夯实虚铺厚度应小于 20cm。

5）高度大于 12m 的填土应用于园路铺装的路基时，应根据路基结构作法的专项设计，并按设计要求，对土种预先进行试验检查。

6）在山坡上修筑路基时，应先把山坡整修成台阶形状，由最低一层开始分层填筑、压实，将所有台阶填完后，再分层填筑至设计高程。

7）在已筑好路基段内修建涵管，或在填筑路基预留缺口区域内修筑涵管，其回填土应制定措施，使涵管区域内填土的沉降与两侧相邻路基的填土沉降一致。

8）涵管沟槽的回填土应符合下列要求：回填土应保证涵管结构安全，外部防水层及保护层不受破坏；涵管两侧应同时回填，两侧填土高差不得大于 30cm，填土应自涵管两端起均匀的分层填筑，每层填土虚铺厚度不得大于 25cm；预制涵管的现浇混凝土基础强度及预制件装配接缝的水泥砂浆强度大于 5MPa 时，即可回填土；砖砌涵管应在预制盖板安装后，砌体砂浆强度达到 5MPa 后进行回填，现浇钢管混凝土涵管，其侧壁回填土宜在拆模后混凝土强度达到设计强度标准值的 70% 进行，顶部应在达到设计强度后进行；土壤最佳含水率应由试验决定。

9）人工填土：用手推车送土，人工用铁锹、耙、锄等工具进行填土，由场地最低部分开始，由一端向另一端自下而上分层铺填。每层虚铺土厚度，用人工木夯夯实时，沙质土不大于30cm；黏性土为20cm；用打夯机械夯实时，不大于30cm。深浅坑相连时，应先填深坑，找平后与浅坑全面分层填夯。如必须分段填筑，交接处填成阶梯形，最后填成高于自然地面5cm。人工夯填土一般用60～80kg重的木夯，由4～8人拉绳，两人扶夯，举高不小于0.5m，一夯压半夯，按次序进行。大面积人工回填多用打夯机夯实。两机平行时，其间距不得小于3m，在同一夯行路线上，前后间距不得小于10m。

10）推土机填土：推土机填土须自下而上分层铺填，一般每层虚铺厚度不宜大于30cm。大坡度推填土，亦应分层推平，不得居高临下，不分层次，一次推填。推土机运土回填，可先在路线上的某中间点逐步分段集中成一个大堆，再分为若干次运送至卸土地点，分段距离为10～15m，以减少运土的漏失量。当土方推至填方部位时，可提起一次铲刀，成堆卸土，并向前行驶0.5～1.0m，利用推土机后退时将土刮平。用推土机来回行驶进行碾压，履带应重叠一半。

11）铲运机铺填土：铲运机铺土，铺填土区段的长度不宜小于20m，宽度不宜小于8m，每次铺土厚度不大于30～50cm（视所用压实机械的要求而定），每层铺土后，利用空车返回时将地表面刮平。填土程序一般尽量采取横向或纵向分层卸土，以利于行驶时初步压实。

12）自卸汽车填土：用自卸汽车运来的填土，卸下常是成堆的，需用推土机推开摊平，使其每层的铺土厚度不大于30～50cm（根据选用的压实机械确定），由于汽车不能在虚土上行驶，因而卸土推平和压实工作采取分段交叉进行，并可利用汽车行驶作部分压实工作。

（4）推平与翻拌晾晒

用推土机将土大致推平，松铺厚度经检测合格后，进行含水量检测。若含水量过大，采用五犁、圆盘耙进行翻拌晾晒。填料含水量不足时，采用洒水车洒水再用拌和设备拌和均匀。

当土的含水量达到最佳含水率的±2%范围内时，由推土机进行初平，然后用平地机刮平。

（5）压实

1）压实应按先轻后重碾压。

2）回填土每层的压实遍数，应按压实度、压实工具、虚铺厚度和含水量，经现场试验确定，每层土壤压实前均应找平。

3）采用重型压实机械压实或有较重车辆在回填土上行驶时，管道顶部以上应有一定厚度的压实回填土，其最小厚度应按压实机械的规格、车重和管道的设计承载力，通过计算确定。

4）碾压应自路基边缘向中央进行，压路机轮每次宜重叠15 ~ 20cm，约碾压 5 ~ 8 遍，至表面无显著轮迹，且达到要求压实度为止。

5）应将路基填土向两侧各加宽必要的附加宽度，碾压成活后修整到设计宽度。路基边缘处不易碾压时，应用人工或振动振荡夯实机等夯实。

6）压实应在回填土含水量接近最佳含水率时进行。碾压应均匀一致，施工过程中应保持土壤的含水量，并经常检测土壤含水率，按规定检查压实度，做好试验记录。

（6）检测

碾压后采用环刀法或灌砂法检测压实度，如不满足设计、施工规范要求，继续碾压。

3. 冬雨期施工

（1）冬期施工

填方土层宜用未冻、易透水的好土。冬期填筑应按全宽平填，在气温低于−5℃时，每层虚铺厚度较常温施工所规定的标准值小20% ~ 25%，且最大松铺厚度不得超过 30cm，当天填土必须当天碾压密实。

使用黏性土填筑路基时，除应符合以上有关规定外，还应注意以下要求：施工前应测定土壤含水量；禁用含水量过大的黏性土；施工中有较长时间中断时，路基分段的结合部应留成阶梯形，每层宽度不小于1m。

应预先掌握气象变化资料，及时做好防冻工作。现场及其周围采取有效的防冻、防滑措施。

冬期施工中的冻土，堆放时要堆置稳定，严禁掏土。

（2）雨期施工

雨期施工应加强防雨与排水工作，充分利用地形与排水设施，避免因雨增大翻浆。应集中人工、机械、设备分段流水，快速施工，不得全线大挖大填。

对易翻浆与低洼积水等不利地段应在雨期前施工。

施工前或大雨后，应对施工地段进行调查，测出土壤含水率及地下水位，以预估翻浆面积，采取措施避免翻浆。

路基因雨产生翻浆时，应立即进行处理，并符合下列要求：逐段处理，不得全线开挖；每段"挖、填、压"应连续成活；翻浆部位土体应全部挖出；小片翻浆相距较近，应予以挖通进行处理；大片翻浆应制定专项方案，集中处理。

填土时宜筑成不小于 2% ~ 4% 的横坡。每日停止作业前，应将填土碾压密实平整。若填土过程中遇雨，应对已摊铺的虚土及时碾压。

雨后应检查：路拱及路边沟等排水设施的排水效果；完成碾压与进行过初碾填土路基的排水与渗水情况；路基积水情况；边沟、集水坑、渗水坑等使用性能。

4.4.4 质量标准

1. 主控项目

（1）填方土方路基（路床）质量检验参见第 4.3.4 节"质量标准"表 4-1 的相关规定。

（2）填石路基压实度应符合试验路段确定的施工工艺，沉降差不应大于试验路段确定的沉降差。

检查数量：每 1000m²，抽检 3 点。

检验方法：水准仪测量。

（3）填方路基弯沉值，不应大于设计规定。

检验数量：每车道、每 20m 检测 1 点。

检验方法：弯沉仪检测。

2. 一般项目

（1）参见第 4.3.4 节"质量标准"表 4-2 中的相关规定。

（2）填土路基路床应平整、坚实，无显著轮迹、翻浆、波浪、起皮等现象，路堤边坡应密实、稳定、平顺等。

检查数量：全数检查。

检验方法：观察。

（3）边坡应稳定、平顺，无松石。

检查数量：全数检查。

检验方法：观察。

4.4.5 质量记录

1. 沉降观测记录。

2. 其他参见第 4.3.5 节"质量记录"。

4.4.6 安全与环保

1. 安全

（1）填土作业前，主管人员必须对作业人员进行安全技术交底。

（2）人机配合土方作业，必须设专人指挥。机械作业时，配合作业人员严禁处在机械作业和走行范围内。配合人员在机械走行范围内作业时，机械必须停止作业。

（3）填方破坏原排水系统时，应在填方前修筑新的排水系统，保持通畅。

（4）路基下有管线时，应先根据管线的承载能力对其采取必要的加固措施后，按照规范规定的压实标准进行施工。

（5）填土路基为土边坡时，每侧填土宽度应在设计宽度的基础上留够机械安全作业宽度。碾压高填土方时，应自路基边缘向中央进行。

（6）土方宜使用封闭式车辆运输，装土后应清除车辆外露面的遗土、杂物。

2. 环保

见第 4.3.6 节第 14 ～ 20 条。

4.4.7 成品保护

见第 4.3.7 节"成品保护"。

4.5 换填土处理路基施工工艺

4.5.1 适用范围

本工艺适用于雄安新区园路铺装工程中浅层软弱地基及不均匀地基的处理。

4.5.2 施工准备

1. 材料

（1）砂石：宜选用碎石、卵石、角砾、圆砾、砾砂、粗砂、中砂或石屑（粒径小于2mm的部分不应超过总重的45%），应级配良好，不含植物残体、垃圾等杂质。当使用粉细砂或石粉（粒径小于0.075mm的部分不超过总重的9%）时，应掺入不少于总重的30%的碎石或卵石。砂石的最大粒径不宜超过层厚的60%。对湿陷性黄土地基，不得选用砂石等透水材料。

（2）粉质黏土：土料中有机质含量不得超过5%，亦不得含有冻土或膨胀土。当含有碎石时，其粒径不宜大于50mm。用于湿陷性黄土或膨胀土地基的粉质黏土垫层，土料中不得夹有砖、瓦和石块。

（3）灰土：体积配合比宜为2：8或3：7。土料宜用塑性指数为10~15的亚黏土、黏土，不宜使用块状黏土和砂质粉土，不得含有松软杂质，其颗粒不得大于15mm。石灰宜用1~3级新鲜的消石灰，其颗粒不得大于5mm。

（4）粉煤灰：粉煤灰应为低活性火山灰质材料，其 SiO_2、Al_2O_3 和 Fe_2O_3 总量宜不小于70%，700℃时烧失量应小于10%；细度应满足90%通过0.3mm筛孔，70%通过0.075mm筛孔，比表面积宜大于 $2500cm^2/g$。

（5）工业废渣：在有可靠试验结果或成功工程经验时，质地坚硬、性能稳定、无腐蚀性和放射性危害的工业废渣等均可用于填筑换填处理。被选用工业废渣的粒径、级配和施工工艺等应通过试验确定。

2. 施工机具

（1）施工机械设备：挖土机、自卸汽车、推土机、装载机、压路机、洒水车等。

（2）检测试验设备：全站仪（经纬仪）、水准仪、灌砂桶、环刀等。

3. 作业条件

（1）换填作业范围内需挖除的土有积水或泥浆，应在路基外侧挖集水井，将水引至集水井，然后用水泵将水排出，泥浆晾干再装运。

（2）换填前解决基坑排水，除采用水沉法施工的砂石外，不得在浸水条件下施工，必要时应采取降低地下水位的措施。

4. 技术准备

（1）应根据道路等级、结构特点、荷载性质、岩土工程条件、施工机械设备及填料性质和来源等进行综合分析，编制换填土处理路基的施工组织设计并已通过审批。

（2）按设计图纸或监理工程师确认的挖除深度和范围进行施工放样，绘出开挖断面图，报监理工程师办理复核签认手续。

4.5.3 操作工艺

1. 工艺流程

测量放线—开槽挖除—排水、碾压—分层填筑—压路机碾压—检验。

2. 操作方法

（1）测量放线

施工前对现况软弱、不均匀地基地面高程进行校测，确定开挖深度及范围。在道路中心桩测设后，测量横断方向，根据道路设计横断面及现况地面高程，放出开槽上、下坡角线。

（2）开槽挖除

换填土处理路基底面的宽度、深度根据探坑由勘察、设计、建设单位现场初步确定，顶面宽度可从宽出路基坡脚 0.5 ~ 1.0m 的底面两侧向上，按基坑开挖期间保持边坡稳定的当地经验放坡确定。开挖时应避免基底土层受扰动。需换填部位挖除后，及时邀请勘察、设计、建设单位对基底进行验收，确认达到道路承载力和压实度要求。

（3）排水、碾压

设置排水沟、集水井，及时将挖除范围的积水排走，确保场内无积水。将地面大致找平，进行填前碾压，使基底达到规定的压实度标准。

（4）分层填筑

1）除接触下卧软土层的换填土底部应根据施工机械设备及下卧层土质条件确定厚度外，一般情况下，分层铺填厚度可取 20～30cm。换填垫层厚度不宜小于 0.5m，也不宜大于 3m。

2）粉质黏土和灰土垫层土料的施工含水量宜控制在最佳含水率 W_m±2% 的范围内，粉煤灰垫层的施工含水量宜控制在 W_p±4% 的范围内。最佳含水率可通过击实试验确定，也可按当地经验取用。

3）粉质黏土及灰土层分段施工时，上下两层的缝距不得小于 500mm。接缝处应夯压密实。灰土应拌和均匀并应当日铺填夯压。灰土夯压密实后 3d 内不得受水浸泡。粉煤灰层铺填后宜当天压实，每层验收后应及时铺填上层或封层，防止干燥后松散起尘污染，同时应禁止车辆碾压通行。

（5）碾压

对于工程量较大的换填垫层，应按所选用的施工机械、换填材料及场地的土质条件进行现场试验，以确定压实效果。压实标准可按表 4-5 选用。

各种填筑材料的压实标准   表 4-5

施工方法	换填材料类别	压实系数 λ_c
碾压、振密或夯实	碎石、卵石	0.94～0.97
	砂夹石 （其中碎石、卵石占全重的 30%～50%）	
	土夹石 （其中碎石、卵石占全重的 30%～50%）	
	中砂、粗砂、砾砂、角砾、圆砾、石屑	
	粉质黏土	
	灰土	0.95
	粉煤灰	0.90～0.95

注：1. 压实系数 λ_c 为土的控制干密度 ρ_d 与最大干密度 ρ_{dmax} 的比值；土的最大干密度用重型击实试验确定；
2. 采用重型击实试验时，压实系数 λ_c 可取低值；
3. 工业废渣的压实指标为最后两遍压实的压陷差小于 2mm。

为保证分层压实质量，应控制机械碾压速度，平碾、振动碾一般不超过 2km/h。

（6）检验

对粉质黏土、灰土、粉煤灰和砂石换填的施工质量检验可用环刀法、贯入仪、静力触探、轻型动力触探或标准贯入试验检验；对砂石、工业废渣换填可用重型动力触探检验。检验必须分层进行，应在每层的压实系数符合设计要求后铺填上层土。

3. 冬雨期施工

（1）冬期施工

冬期施工应编制冬期施工技术方案。

挖土地段应根据工程现场情况，进行技术经济比较，选择适宜的冻土破碎方法、换填材料和相应设备。

应预先掌握天气变化资料，及时做好防冻工作。现场及其周围采取有效的防冻、防滑措施。

（2）雨期施工

雨期施工应加强防雨与排水工作，充分利用地形与排水设施，避免因雨增大翻浆面积。

应集中工力、设备分段流水，快速施工。

对易翻浆与低洼积水等不利地段应在雨期前施工。

施工前或大雨后，应对换填地段进行调查，测出土壤含水率及地下水位，以预估翻浆面积，采取措施避免翻浆。

挖土段，应按原地面排水系统做好临时排水沟及时排除积水和雨水。

雨后应检查：路拱及路边沟等排水设施的排水效果；完成碾压与进行过初碾填土路基的排水与渗水情况；路基积水情况；边沟、集水坑、渗水坑等使用性能。

4.5.4 质量标准

换填土处理路基质量检验参见第 4.3.4 节与第 4.4.4 节"质量标准"中相关规定。

4.5.5 质量记录

1. 砂试验报告。

2. 材料试验报告（通用）。

3. 工程定位测量记录。

4. 测量复核记录。

5. 地基处理记录。

6. 地基钎探记录。

7. 土壤（无机料）最大干密度与最佳含水率试验报告。

8. 土壤压实度试验记录（环刀法）。

9. 压实度试验记录（灌砂法）。

10. 路基弯沉记录。

11. 工程质量评定记录。

4.5.6 安全与环保

见第 4.4.6 节"安全与环保"。

4.5.7 成品保护

1. 施工过程中妥善保护好砂石、粉煤灰等换填原材料，免受淤泥等杂质污染。

2. 路基施工过程中，各施工层面不应有积水，换填路基应根据施工气候状况，做成 2%～4% 排水横坡，边坡必须修理平顺，确保施工中能使雨水及时排除，并使雨水引出路线以外，以免路基被雨水冲毁。

3. 换填材料时，应注意保护好现场轴线桩、高程桩，防止碰桩位移并应经常复测，做好计算换填材料的数据观测工作。

4.6 强夯处理路基施工工艺

4.6.1 适用范围

本工艺适用于雄安新区园路铺装工程中处理高填土的土山填筑工程以及碎石土、砂土、低饱和度的粉土与黏性土、素填土和杂填土等路基。

4.6.2 施工准备

1. 施工机具

（1）施工机械宜采用带有自动脱钩装置的履带式起重机或其他专用设备。采用履带式起重机时，可在臂杆端部设置辅助门架，或采取其他安全措施，防止落锤时机架倾覆。

（2）强夯锤质量可取 10 ~ 40t，其底面形式宜采用圆形或多边形，锤底面积宜根据土的性质确定，锤底静接地压力值可取 25 ~ 40kPa，对于细颗粒土锤底静接地压力宜取较小值。锤的底面宜对称设置若干个与其顶面贯通的排气孔，孔径可取 250 ~ 300mm。

2. 作业条件

（1）施工前应查明场地范围内的地下构筑物和各种地下管线的位置及标高等，并采取必要的措施，以免因施工而造成损坏。

（2）设备安装及调试：起吊设备进场后应及时安装及调试，保证吊车行走运转正常；起吊滑轮组与钢丝绳连接紧固，安全可靠，起吊挂钩锁定装置应牢固可靠，脱钩自由灵敏，与钢丝绳连接牢固；夯锤重量、直径、高度应满足设计要求，夯锤挂钩与夯锤整体应连接牢固。

3. 技术准备

（1）应具备详细的岩土工程地质及水文地质勘查资料，并查明场地范围内的地下构筑物和各种地下管线的位置及标高等，并采取必要的措施，以免因施工造成损坏。

（2）强夯施工前，应在施工现场有代表性的场地上选取一个或几个试验区，进行试夯或试验性施工。试验区数量应根据施工场地复杂程度、规模及类型确定。

（3）根据初步确定的强夯参数，提出强夯试验方案，进行现场试夯。应根据不同土质条件待试夯结束一至数周后，对试夯场地进行检测，并与夯前测试数据进行对比，检验强夯效果，确定工程采用的各项强夯参数。

（4）强夯地基承载力特征值应通过现场载荷试验确定，初步设计时也可根据夯后原位测试和土工试验指标，按现行国家标准《建筑地基基础设计规范》GB 50007 中有关规定确定。

（5）强夯地基变形计算应符合现行国家标准《建筑地基基础设计规范》GB 50007 有关规定。夯后有效加固深度内土层的压缩模量应通过原位测试或土工试验确定。

（6）强夯法的有效加固深度应根据现场试夯或当地经验确定。在缺少试验资料或经验时可按表 4-6 预估。

强夯法的有效加固深度 表 4-6

单击夯击能 （kN·m）	碎石土、砂土等粗颗粒土 （m）	粉土、黏性土等细颗粒土 （m）
1000	5.0 ~ 6.0	4.0 ~ 5.0
2000	6.0 ~ 7.0	5.0 ~ 6.0
3000	7.0 ~ 8.0	6.0 ~ 7.0
4000	8.0 ~ 9.0	7.0 ~ 8.0
5000	9.0 ~ 9.5	8.0 ~ 8.5
6000	9.5 ~ 10.0	8.5 ~ 9.0
8000	10.0 ~ 10.5	9.0 ~ 9.5

注：强夯法的有效加固深度应从最初起夯面算起。

（7）强夯法夯点的夯击次数，应按现场试夯得到的夯击次数和夯沉量关系曲线确定，并应同时满足下列条件：最后两击的平均沉降量不宜大于下列数值：当单击夯击能小于 4000kN·m 时为 50mm；当单击夯击能为 4000 ~ 6000kN·m 时为 100mm；当单击夯击能大于 6000kN·m 时为 200mm。夯坑周围地面不应发生过大的隆起。防止因夯坑过深而发生提锤困难。

4.6.3 操作工艺

1. 工艺流程

清整场地、排水—标夯点位置—机械就位—第一遍夯击、平坑—重复夯击、平坑—满夯—检测。

2. 操作方法

（1）清整场地、排水

清理平整场地，当场地表土软弱或地下水位较高，夯坑底积水影响施工时，宜采用人工降低地下水位或铺填一定厚度的松散性材料，使地下水位低于坑底面以下 2m。坑内或场地积水应及时排除。

（2）标夯点位置

标出第一遍夯点位置，并测量场地高程。强夯处理范围应大于路基范围，每边超出路基外缘的宽度宜为基底下设计处理深度的 1/2 ~ 2/3，并不宜小于 3m。夯击点位置可根据基底平面形状，采用等边三角形、等腰三角形或正方形布置。第一遍夯击点间距可取夯锤直径的 2.5 ~ 3.5 倍，第二遍夯击点位于第一遍夯击点之间。以后各遍夯击点间距可适当减小。对处理深度较深或单击夯击能较大的工程，第一遍夯击点间距宜适当增大。

（3）机械就位

起重机就位，夯锤置于夯点位置，并测量夯前锤顶高度，以确保单击夯击能量符合设计要求。

（4）第一遍夯击、平坑

将夯锤起吊到预定高度，开启脱钩装置，待夯锤脱钩自由下落后，放下吊钩，测量锤顶高程，若发现因坑底倾斜而造成夯锤歪斜时，应及时将坑底整平。重复夯击，按设计要求的夯击次数及控制标准，完成一个夯点的夯击。在每一遍夯击前，应对夯点放线进行复核，夯完后检查夯坑位置，发现偏差或漏夯应及时纠正。按设计要求检查每个夯点的夯击次数和每击的夯沉量。换夯点，直至完成第一遍全部夯点的夯击，用推土机将夯坑填平，并测量场地高程。施工过程中应对各项参数及情况进行详细记录。检查施工过程中的各项测试数据和施工记录，不符合设计要求时应补夯或采取其他有效措施。

（5）重复夯击、平坑

夯击遍数应根据地基土的性质确定，可采用点夯 2～3 遍，对于渗透性较差的细颗粒土，必要时夯击遍数可适当增加。最后再以低能量满夯 2 遍，满夯可采用轻捶或低落距锤多次夯击，锤印搭接。两遍夯击之间应有一定的时间间隔，间隔时间取决于土中超静孔隙水压力的消散时间。当缺少实测资料时，可根据地基土的渗透性确定，对于渗透性较差的黏性土地基，间隔时间不应少于 3～4 周；对于渗透性好的地基可连续夯击。

（6）满夯

在规定的间隔时间后，按上述步骤逐次完成全部夯击遍数，最后用低能量满夯，将场地表层松土夯实，并测量夯后场地高程。

（7）检测

强夯处理后的地基竣工验收承载力检验，应在施工结束后间隔一定时间方能进行，对于碎石土和砂土地基，其间隔时间可取 7～14d；粉土和黏性土地基可取 14～28d；强夯置换地基间隔时间可取 28d。强夯处理后的地基竣工验收时，承载力检验应采用原位测试和室内土工试验。竣工验收承载力检验的数量，应根据场地复杂程度和道路的重要性确定，对于简单场地上的一般道路，载荷试验检验点不应少于 3 点；对于复杂场地或重要道路地基应增加检验点数。

3. 冬雨期施工

（1）冬期施工

冬期施工应清除地表的冻土层再强夯，夯击次数根据试验适量增加。冬期施工，表层冻土较薄时，施工可不予考虑，当冻土较厚时首先应将冻土击碎或将冻层挖除，然后再按各点规定的夯击数施工，在第一遍及第二遍夯完整平后宜在 5d 后进行下一遍施工。

（2）雨期施工：

雨期填土区强夯，应在场地四周设排水沟、截洪沟，防止雨水流入场内。夯坑内一旦积水，应及时排出；场地因降水浸泡，应增加消散期，严重时，采取换土再夯等措施。

4.6.4 质量标准

1. 主控项目

强夯地基主控项目质量检验标准如表 4-7 所示。

强夯地基主控项目质量检验标准   表 4-7

项目	序号	检查项目	允许偏差或允许值		检验方法
			单位	数值	
主控项目	1	地基强度	设计要求		按规定方法
	2	地基承载力	设计要求		按规定方法

2. 一般项目

强夯地基一般项目质量检验标准如表 4-8 所示。

强夯地基一般项目质量检验标准   表 4-8

项目	序号	检查项目	允许偏差或允许值		检验方法
			单位	数值	
一般项目	1	夯锤落距	mm	±300	钢索设标志
	2	锤重	kg	±100	称重
	3	夯击遍数及顺序	设计要素		计数法
	4	夯点间距	mm	±500	用钢尺量
	5	夯击范围（超出基础范围距离）	设计要素		用钢尺量
	6	前后两遍间歇时间	设计要素		

4.6.5 质量记录

除第4.5.5节"质量记录"第3~6条和第8~11条外，还应有"沉降观测记录"。

4.6.6 安全与环保

1. 当强夯机械施工所产生的振动对邻近地上建（构）筑物或设备、地下管线等产生有害影响时，应采取防振或隔振措施，并设置监测点进行观测，确认安全。

2. 施工现场划定作业区，非作业人员严禁入内。

3. 夯机作业必须由信号工指挥，在起夯时，吊车正前方、吊臂下和夯锤下严禁站人，需要整平夯坑内土方时，要先将夯锤吊离并放在坑外地面后方可下人。

4. 六级以上大风天气，雨、雾、雪、风沙扬尘等能见度低时暂停施工。

5. 施工时要根据地下水径流排泄方向，应从上水头向下水头方向施工，以利于地下水、土层中水分的排出。

6. 严格符合强夯施工程序及要求，做到夯锤升降平衡，对准夯坑，避免歪夯，禁止错位夯击施工，发现歪夯，应立即采取措施纠正。

7. 夯锤的通气孔在施工时保持畅通，如被堵塞，应立即疏通，以防产生"气垫"效应，影响强夯施工质量。

8. 加强对夯锤、脱钩器、吊车臂杆和起重索具的检查。

9. 夯坑内有积水或因黏土产生的锤底吸附力增大时，应采取措施排除，不得强行提锤。

4.6.7 成品保护

1. 施工过程中避免夯坑内积水，一旦积水要及时排除，必要时换土再夯，避免"橡皮土"出现。

2. 路堤边坡应整平夯实，并应采取防止路面水冲刷措施。

第 5 章

园路铺装的基层施工工艺

园路铺装的基层是直接位于面层下的结构层次，而垫层则位于基层与路基之间。基（垫）层都是路面结构中的重要组成部分。基层类型有：①沥青混合料（沥青贯入碎石、热拌沥青碎石、乳化沥青碎石混合料等）；②沥青稳定土；③各种集料基层；④采用无机结合料稳定集料或稳定土类。其中，石灰或水泥稳定集料或土类以及各种含有水硬性结合料的工业废渣基层，当环境适宜时，强度与刚度会随着时间的增长而不断增大，其最终抗弯拉强度和弹性模量，比一般的基层要大，但还是远较刚性路面为低，称为半刚性基层。用沥青稳定各种集料的基层及不加任何结合料的各种粒料基层则统称为柔性基层。

碎石类基层属柔性基层，按强度构成可分为嵌锁型与级配型。嵌锁型基层，强度主要依靠碎石颗粒间的嵌锁和摩阻作用所形成的内摩阻力，而颗粒之间的粘结力是次要的，这种结构层的抗剪强度主要取决于剪切面上的法向应力和材料的内摩阻角。嵌锁型包括泥结碎石、泥灰结碎石、填隙碎石等。级配型粒料基层的强度和稳定性取决于内摩阻力和粘结力的大小，它的强度与稳定性在很大程度上取决于集料的类型（碎石、砾石或碎砾石）、集料的最大粒径和级配以及混合料中0.5mm以下细料的含量及塑性指数，同时，还与密实度有很大关系。

无机结合料稳定类基层属半刚性基层，系指以石灰、水泥掺入土（集料）中或与工业废渣等共同或分别掺入土（集料）中，通过加水拌和，碾压成型的基层。常用的有石灰土、水泥土、石灰粉煤灰土、石灰水淬渣土，以及以此类材料分别或共同掺入砾（碎）石、工业废渣中，成为各种无机结合类材料。尽管半刚性基层品种繁多，但其作用机理是石灰与水泥中的活性物质与细粒土发生化学反应或此类活性物质对工业废渣中的材料起激化作用而胶结、凝固，成为高强度的整体材料，以抵抗外力的作用。而结合料的剂量、性质、集料的级配等都会影响此类基层材料的强度。

基层的强弱和好坏对整个路面，无论是沥青路面还是水泥混凝土路面的整体强度、使用质量和使用寿命都有十分重要的影响。因此，作为路面的基层，一般必须具备足够的强度与刚度、足够的水稳性和冰冻稳定性、足够的抗冲刷能力以及水温条件下的收缩性小的特点，并且要平整度好，与面层结合良好。

园路铺装的基层是直接位于沥青面层（可以是一层、二层或三层）

下用高质量材料铺筑的主要承重层，或是直接位于水泥混凝土面板下用高质量材料铺筑的一层。底基层是在沥青路面基层下铺筑的次要承重层；或在水泥混凝土路面基层下铺筑的辅助层。

园路铺装常用的基层有以下几类：

1. 石灰稳定土

适用于各级公路路面的底基层，可用作二级和二级以下公路的基层，但石灰土（用石灰稳定细粒土得到的混合料）不应用作高级路面的基层。

2. 石灰工业废渣稳定土

适用于各级路面铺装的基层和底基层。但二灰土（石灰、粉煤灰稳定细粒土）不应用作高级沥青路面的基层，而只用作底基层。在高速和一级公路上的水泥混凝土面板下，二灰土也不应用作基层水泥稳定土。

3. 水泥稳定土

可适用于各种类别的园路铺装路基层和底基层，但水泥土（即用水泥稳定砂性土和黏性土得到的混合料）不应用作高等级沥青路面的基层，只能用作底基层。在高速、一级公路水泥混凝土面板下面不应用作基层。

4. 级配碎石

可用作各级车行园路的基层和底基层；亦可用作较薄沥青面层与半刚性基层之间的中间层。

5. 级配砾石

适用于轻交通的车行园路及非车行园路铺装的基层以及各等级公路的底基层。

5.1 石灰稳定土类基层施工工艺

5.1.1 适用范围
本工艺适用于雄安新区园路铺装工程中石灰土稳定土类基层施工。

5.1.2 施工准备
1. 材料要求
（1）土应符合下列要求：

1）宜采用塑性指数为 10 ~ 15 的亚黏土、黏土。

2）土中的有机物含量宜小于 10%。

3）使用混凝土再生骨料、旧路的级配砾石、砂石或杂填土等应先进行试验。级配砾石、砂石等材料的最大粒径不宜超过分层厚度的 60%，且不应大于 10cm。土中欲掺入碎砖等粒料时，粒料掺入含量应经试验确定。

（2）石灰应符合下列要求：

1）宜用 1 ~ 3 级的新灰，石灰的技术指标应符合表 5-1 的规定。

石灰技术指标 表 5-1

类别项目		钙质生石灰			镁质生石灰			钙质消石灰			镁质消石灰		
		等 级											
		I	II	III	I	II	III	I	II	III	I	II	III
有效钙加氧化镁含量（%）		≥85	≥80	≥70	≥80	≥75	≥65	≥65	≥60	≥55	≥65	≥55	≥50
未消化残渣含量 5mm 圆孔筛的筛余（%）		≤7	≤11	≤17	≤10	≤14	≤20	—	—	—	—	—	—
含水量（%）		—	—	—	—	—	—	≤4	≤4	≤4	≤4	≤4	≤4
细度	0.71mm 方孔筛的筛余（%）	—	—	—	—	—	—	0	≤1	≤1	0	≤1	≤1
	0.125mm 方孔筛的筛余（%）	—	—	—	—	—	—	≤13	≤20	—	≤13	≤20	—
钙镁石灰的分类界限，氧化镁含量（%）		≤5			>5			≤4			>4		

注：硅、铝、镁氧化物含量之和大于 5% 的生石灰，有效钙加氧化镁含量指标，I 等 ≥75%，II 等 ≥70%，III 等 ≥60%；未消化残渣含量指标均与镁质生石灰指标相同。

2）磨细生石灰，可不经消解直接使用；块灰应在使用前 2 ~ 3d 完成消解，未能消解的生石灰块应筛除，消解石灰的粒径不得大于 10mm。

3）对储存较久或经过雨期的消解石灰应先经过试验，根据活性氧化物的含量决定能否使用和使用办法。

（3）水应符合现行行业标准《混凝土用水标准》JGJ 63 的规定。宜使用饮用水及不含油类等杂质的清洁中性水，pH 宜为 6 ~ 8。

2. 施工机具与设备

（1）石灰土施工主要机械：推土机、平地机、振动压路机、轮胎压路机、装载机、水车。厂拌时选用强制式拌和机。

（2）小型机具及检测设备：蛙夯或冲击夯、四齿耙、双轮手推车;
水准仪、全站仪、3m 直尺、平整度仪、灌砂筒等。

3. 作业条件

（1）技术人员和操作工人全部到位。

（2）质量合格的石灰（水泥）和土料准备充足，不同粒径的土
料应分别堆放。

（3）拌和系统机械设备安装调试正常，计量器具符合要求。

（4）现场试验室已经验收合格。

（5）集中拌和场地已清理整平，道路畅通，水电供应能满足生
产要求。

（6）下承层各项指标已通过验收，其表面平整、坚实，压实度、
平整度、纵断高程、中线偏差、宽度、横坡度、边坡等各项指标必须
符合有关规定（见图 5-1）。

（7）施工前对下承层进行清扫，并适当洒水润湿。

（8）恢复施工段的中线，直线段每 20m 设一中桩，平曲线每
10m 设一中桩。

（9）相关地下管线的预埋及回填已完成并经验收合格。

4. 技术准备

（1）原材料试验：

1）应取所定料场中有代表性的土样进行下列试验：颗粒分析、
液限和塑性指数、CBR 值、击实试验、碎石或砾石的压碎值、有机
质含量（必要时）、硫酸盐含量（必要时）。

图 5-1　准备下承层

2）如使用碎石、碎石土、沙砾、沙砾土等级配不好的材料，宜先改善其级配。

3）检验石灰的有效钙和氧化镁含量。

（2）根据设计文件的要求，按土壤种类及石灰质量确定配合比，确定石灰土最佳含水量、最大干密度。

（3）施工前进行 100 ～ 200m 试验段施工，确定机械设备组合效果、压实虚铺系数和施工方法。

5.1.3 操作工艺

1. 工艺流程

石灰土拌和—石灰土运输—施工放样—石灰土摊铺—粗平整形—稳压—精平整形—碾压成活—养护。

2. 操作方法

（1）路拌法施工

1）准备下承层

下承层表面应平整、坚实，具有规定的路拱，下承层的平整度和压实度应符合设计要求及相关规范的规定。对土基不论是路堤还是路堑，必须用 12 ～ 15t 的压路机进行 3 ～ 4 遍碾压检验。在碾压过程中，如发现土过干、表层松散，应适当洒水；如土过湿、发生"弹簧"现象，应采用挖开晾晒、换土、掺石灰或水泥等措施进行处理。凡不符合设计要求的路段，必须根据具体情况，采取措施，使之达到规范规定的标准。对于老路面应检查其材料是否符合底基层材料的技术要求，如不符合要求，应翻松老路面并采取必要的处理措施。下承层的低洼和坑洞，应仔细填补及压实；搓板和辙槽应刮除；松散处应耙松、洒水并重新碾压，达到平整密实。对新完成的下承层应进行验收。凡验收不合格的路段，必须采取措施，达到标准后方可铺筑基层。在槽式断面的路段，两侧路肩上每隔一定距离（5 ～ 10m）交错开挖地水沟（或做盲沟）。

2）施工放样

在下承层上恢复中线，在两侧路肩边缘外设指示桩，并在指示桩上明显标记出基层边缘的设计高程。中线、边线，标高标记应明显。

3）备料

①利用老路面或土基上部材料：首先必须清除干净表面的石块等杂物。每隔 10 ~ 20m 挖一小洞，使洞底标高与预定的石灰土基层的底面标高相同，并在洞底做一标记，以控制翻松及粉碎的深度。用犁、松土机或装有强固齿的平地机或推土机将老路面或土基的上部翻松到预定的深度，土块应粉碎到符合要求。应经常用犁将土向路中心翻拌，使结构层的边部成一垂直面，防止过宽。用专用机械粉碎黏性土，在无专用机械的情况下，也可用旋转耕作机、圆盘耙粉碎塑性指数不大的土。

②利用料场的土：采集土前，应先将树木、草皮和杂土清除干净。土中的超尺寸颗粒应予以筛除。应在预定的深度范围内采集土，不应分层采集，不应采取不合格的土。计算材料用量，应根据各路段基层的宽度、厚度及预定的干密度，计算各路段需要的干燥土数量。根据料场土的含水量和运料车辆的载重量，计算每车料的堆放距离。根据基层的厚度和预定的干密度及稳定剂剂量，计算每立方米需要的石灰用量，并确定石灰摆放的纵横间距。土装车时应控制每车的运载数量基本相等。在同一料场供料的路段内，由远到近将料按上述计算距离卸置于下承层表面的中间或上侧。卸料距离应严格掌握，避免有的路段堆料不够或过多。堆料每隔一定距离还有应留一缺口。土在下承层上的堆置时间不应过长，

运送土只宜比摊铺土工序提前 1 ~ 2d。当需分层采集土时，应将土先分层堆放在一场地上，然后从前到后将上下层土一起装车运送到现场。人工拌和时，应筛除 15mm 以上的土块。

③稳定剂应选择在两侧宽敞、临近水源且地势较高的场地集中堆放。当堆放时间较长时，应覆盖封存，稳定剂堆放在集中拌和场地时间较长时，也应覆盖封存。

消解后的石灰应保持一定的湿度，不得产生扬尘，也不可过湿成团。消石灰宜过筛孔为 10mm 的筛，并尽快使用。

④如路肩用料与基层用料不同，应采取培肩措施，先将两侧路肩培好，路肩料层的压实厚度应与稳定土层的压实厚度相同。在路肩上每隔 5 ~ 10m 交错开挖临时泄水沟。

⑤在预定堆料的下承层上，在堆料前应先洒水，使表面湿润。

4）摊铺土

①应事先通过试验确定土的松铺系数，松铺系数一般取 1.53～1.58。

②摊铺土应在摊铺稳定剂前一天进行。摊铺长度按日进度的需要量控制，满足次日掺和稳定剂、拌和、碾压成型即可。雨期施工如第二天有雨，不宜提前摊铺土。

③应将土均匀地摊铺在预定的宽度上，表面应力求平整，并有规定的路拱。

④摊铺过程中，应将土块、超尺寸颗粒及其他杂物拣除。如土中有较多土块，应进行粉碎。

⑤检验松铺土层的厚度，应符合预计要求。

⑥除洒水车外，严禁其他车辆在土层上通行。

5）洒水闷料

①如已整平的土（含粉碎的老路面）含水量过小，应在土层上洒水闷料，洒水应均匀，防止局部水分过多。

②严禁洒水车在洒水路段内停留和调头。

③细料土应经一夜闷料。

6）整平和轻压

对人工摊铺的土层整平后，用 6～8t 双轮压路机碾压 1～2 遍，使其表面平整，并有一定的压实度。

7）卸置和摊铺稳定剂

①按计算所得的每车稳定剂的纵横间距，用石灰在土层上做标记，同时划出摊铺稳定剂的边线。

②用刮板将稳定剂均匀摊开，摊铺完成后，表面应没有空白位置。量测稳定剂的松铺厚度，根据含水量和松铺密度，校核稳定剂用量是否合适。

8）拌和与洒水

①宜采用专用稳定土拌和设备进行拌和，并设专人跟随拌和机，随时检查拌和深度并配合拌和机操作员调整拌和深度。拌和深度应达基层底并宜侵入下承层 5～10mm，以利上下层粘结。严禁在拌和层底部留有素土夹层。通常应拌和两遍以上，在最后一遍拌和之前，

图 5-2　石灰土拌和

必要时可先用多铧犁贴底面翻拌一遍，直接铺在土基上的拌和层也应避免素土夹层（见图 5-2）。

②在没有专用拌和机械的情况下，可用农用旋转耕作机与多铧犁或平地机相配合拌四遍。先用旋转耕作机拌和两遍，后用多铧犁或平地机将底部料再翻起，并随时检查调整翻犁的深度，使土层全部翻透。严禁在基层与下承层之间残留一层素土。但也应防止翻犁过深，过多破坏下承层的表面。也可以用圆盘耙与多铧犁或平地机相配合，应注意拌和效果，拌和时间不可过长。

③在拌和过程结束时，如果混合料的含水量不同，应用喷管式洒水车补充洒水。水车起洒处和另一端调头处都应超出拌和段 2m 以上。洒水车不应在正进行拌和以及当天计划拌和的路段上调头和停留，以防局部水量过大。

④洒水后，应再次进行拌和，使水分在混合料中分布均匀。拌和机械应紧跟在洒水车后面进行拌和，减少水分流失。

⑤洒水及拌和过程中，应及时检查混合料的含水量：含水量宜略大于最佳值，对于细粒土宜比最佳含水量值大 1% ～ 2%。

⑥在洒水拌和过程中，应配合人工拣出超尺寸颗粒，消除粗细颗粒"窝"以及局部过分潮湿或过分干燥之处。

⑦混合料拌和均匀后应色泽一致，没有灰条、灰团和花面，即无明显细集料离析现象，且水分合适、均匀。

⑧采用塑性指数大的黏土时，应采用两次拌和。第一次加 70% ～ 100% 预定剂量的稳定剂进行拌和，闷放 1 ～ 2d，此后补足

需用的稳定剂，再进行第二次拌和。

9）整形

①混合料拌和均匀后，应立即用平地机初步整形。在直线段，平地机由两侧向路中心刮平；在平曲线段，平地机由内侧向外侧刮平；必要时，再返回刮一遍。

②用拖拉机、平地机或轮胎压路机立即在初平的路段上快速碾压一遍。

③再用平地机整形，整形前用齿把将轮迹低洼处表层 5cm 以上耙松，并按上款再碾压一遍。

④对于局部低洼处，应用齿耙将其表层 5cm 以上耙松，并用新拌的混合料进行找平。

⑤再用平地机整形一次。应将高出料直接刮出路外，不应形成薄层贴补现象。

⑥每次整形都应达到规定的坡度和路拱，并应特别注意使接缝顺直平整。

⑦当用人工整形时应用铁锹和耙先将混合料摊平，用路拱板进行初步整形，用拖拉机初压 1 ～ 2 遍后，根据实测的松铺系数，确定纵横断面的标高，并设置标记和挂线，利用锹、耙按线整形，再用路拱板校正成型。

⑧在整形过程中，严禁任何车辆通行，并保持无明显的粗细集料离析现象。

10）碾压

①根据路宽、压路机轮宽和轮距的不同，制定碾压方案应使各部分碾压到的次数尽量相同，路面的两侧应多压 2 ～ 3 遍。

②整形后，当混合料的含水量为最佳含水量 +（1% ～ 2%）时，应立即用轻型压路机并配合 12t 以上压路机在结构层全宽内进行碾压。直线和不设超高的平曲线段，由两侧向中心碾压；设超高的平曲线段，由内侧向外侧碾压。碾压时应重叠 1/2 轮宽，后轮必须超过两段落的接缝处，后轮压完路面全宽时，即为一遍。一般需碾压 6 ～ 8 遍。碾速头两遍以 1.5 ～ 1.7km/h 为宜，以后以 2.0 ～ 2.5km/h 为宜。采用人工摊铺和整形的，宜先用拖拉机或 6 ～ 8t 双轮压路机或轮胎

压路机碾压 1～2 遍，再用重型压路机碾压。

③严禁压路机在已完成的或正在碾压的路段上调头或急刹车，应保证基层表面不受破坏。

④碾压过程中，表面应始终保持湿润，如水分蒸发过快，应及时补洒少量的水碾压。

⑤碾压过程中，如有"弹簧"、松散、起皮等现象，应及时翻松重新拌和或采用其他方法处理。

⑥经拌和、整形碾压的石灰土基层，应达到设计要求的密实度，无明显轮迹。

⑦在碾压结束之前，用平地机再终平一次，使其纵向顺适，路拱和超高符合设计要求。

⑧在检查井、雨水口等难以使用压路机碾压的部位，应采用小型压实机具或人力夯加强压实。

11）接缝和调头处的处理

①同日施工的两工作段的衔接处，应采用搭接的形式。前一段拌和整形后，留 5～8m 不进行碾压，后一段施工时，应与前段留下未压部分一起进行拌和。

②拌和机械及其他机械不宜在已压成的基层上调头。如必须调头，则应采取措施保证基层表层不受破坏。

③基层施工应避免纵向接缝，在必须分两幅施工时，纵缝必须垂直相接，不应斜接，纵缝应按下述方法处理：在前一幅施工时，在靠中央一侧用方木或钢模板做支撑，方木或钢模板的高度与基层的压实厚度相同；拌和结束后，靠近支撑木（或板）的一部分，应人工进行补充拌和，然后整形和碾压；养护结束后，在铺筑另一幅之前拆除支撑木（板）；第二幅拌和结束后，靠近第一幅的部分，应人工进行补充拌和，然后进行整形和碾压。

（2）厂拌法施工

1）石灰土拌和

原材料进场检验合格后，按照生产配合比生产石灰土，当原材料发生变化时，应重新调整石灰土配合比。出厂石灰土的含水量应根据天气情况综合考虑，晴天、有风天气一般稍大 1%～2%，应对石灰土的含水量、灰剂量进行及时监控，检验合格后方能允许出厂。

2）石灰土运输

采用有覆盖装置的车辆进行运输，按照需求量、运距和生产能力合理配置运输车辆的数量，运输车按既定的路线进出现场，禁止在作业面上急刹车、急转弯、掉头和超速行驶。

3）施工放样

参见本条"（1）路拌法施工"中"3）施工放样"。

4）石灰土摊铺

在湿润的下承层上按照设计厚度计算出每延米需要灰土的虚方数量，松铺系数一般取 1.65 ~ 1.70，设专人按固定间隔、既定车型、既定的车数指挥卸料。卸料堆宜按梅花桩形布置，以便于摊铺作业。摊铺前人工按虚铺厚度用白灰撒出高程点，用推土机、平地机进行摊铺作业，必要时用装载机配合。

5）粗平整形

先用推土机进行粗平 1 ~ 2 遍，粗平后宜用推土机在路基全宽范围内进行排压 1 ~ 2 遍，以暴露潜在的不平整，其后用人工通过拉线法用白灰再次撒出高程点（预留松铺厚度），根据大面的平整情况，对局部高程相差较大（一般指超出设计高程 ±50mm 时）的面继续用推土机进行整平，推土机整平过程中本着"宁高勿低"的原则，大面基本平整高程相差不大时（一般指 ±30mm 以内时），再用平地机整形。

6）稳压

先用平地机进行初平一次，质检人员及时检测其含水量，必要时通过洒水或晾晒来调整其含水量，含水量合适后，用轮胎压路机快速全宽静压一遍，为精平创造条件。

7）精平整平

人工再次拉线用白灰撒出高程点，用平地机精平 1 ~ 2 次，并及时检测高程、横坡度、平整度。对局部出现粗细集料集中的现象，人工及时进行处理。对局部高程稍低的灰土面严禁直接采取贴薄层找补，应先用人工或机械耕松 100mm 左右后再进行找补。

图 5-3　基层压实

8）碾压

石灰土摊铺长度约 50m 时宜进行试碾压，在最佳含水量调整为
+（1% ~ 2%）时进行碾压，试压后及时进行高程复核。碾压原则
上以"先慢后快""先轻后重""先低后高"为宜（见图 5-3）。

直线和不设超高的平曲线段，由两侧路肩向路中心碾压，设超高
的平曲线段，由内侧路肩向外侧路肩碾压。压路机应逐次倒轴碾压，
两轮压路机每次重叠 1/3 轮宽，三轮压路机每次重叠后轮宽度的 1/2。

压路机的碾压速度头两遍以 1.5 ~ 1.7km/h 为宜，以后宜采用
2.0 ~ 2.5km/h。

首先压路机静压一遍，再振动压实 3 ~ 5 遍，根据试验段的经
验总结，结合现场自检压实的结果，确定振动压实的遍数，最后用钢
轮压路机和轮胎压路机静压 1 ~ 2 遍，最终消除轮迹，使表面达到坚
实、平整、不起皮、无波浪等不良现象，压实度符合质量要求。

在涵洞、桥台背后等难以使用压路机碾压的部位，用蛙夯或冲击
夯压实。由于检查井、雨水口周围不易压实，可采取先埋后挖的逆做
法施工，先在井口上覆盖板材，石灰土基层成活后，再挖开，进行长
井圈、安井盖，必要时对井室周围浇筑混凝土处理。

9）接茬的处理

工作间断或分段施工时，应在石灰土接茬处预留 300 ~ 500mm
不予压实，与新铺石灰土衔接，碾压时应洒水润湿；宜避免纵向接茬
缝，当需纵向接茬时，接茬缝宜设在路中线附近；接茬宜做成阶梯形，
梯级宽约 500mm。

10）人工夯实方法

①人力打夯前应将填土初步整平，打夯要按一定方向进行，一夯压半夯，夯夯相接，行行相连，两遍纵横交叉，分层夯打。行夯路线应由四边开始，然后再夯向中间。

②用蛙打夯机等小型机具夯实时，一般填土厚度不宜大于25cm，打夯之前对填土应初步平整，打夯机依次夯打，均匀分布，不留间隙。

11）成活后应立即进行洒水养护，养护期不得少于 7d。养护期间应封闭交通，如分层连续施工应在 24h 内完成。

3. 冬雨期施工

（1）冬期施工

1）石灰土基层不应在冬期施工，施工期的日最低气温应在 5℃以上。

2）石灰土基层应在第一次重冰冻（-3 ～ -5℃）到来前 1 ～ 1.5 个月完成。

3）石灰土基层养护期进入冬期，应在石灰土内掺加防冻剂。

（2）雨期施工

1）应避免在雨期进行石灰土结构的施工。

2）缩短摊铺长度，已摊铺的石灰土应当天成活。

5.1.4 质量标准

1. 主控项目

石灰土基层及底基层质量检验应符合下列规定：

（1）原材料质量检验应符合下列要求：

1）土、石灰应符合本工艺第 5.1.2 节的规定。

2）水应符合现行行业标准《混凝土用水标准》JGJ 63 的规定。宜使用饮用水及不含油类等杂质的清洁中性水，pH 宜为 6 ～ 8。

检查数量：按不同材料进厂批次，每批检查 1 次。

检验方法：查检验报告、复验。

（2）基层、底基层的压实度应符合下列要求：

1）车行园路铺装基层不小于 97%、底基层不小于 95%。

2）其他园路铺装基层不小于 95%、底基层不小于 93%。

检查数量：每1000m²，每压实层抽检1点。

检验方法：环刀法、灌砂法或灌水法。

（3）基层、底基层试件作7d无侧限抗压强度，应符合设计要求。

检查数量：每2000m²抽检1组。

检验方法：现场取样试验。

2. 一般项目

（1）表面应平整、坚实、无粗细骨料集中现象，无明显轮迹、推移、裂缝，接茬平顺，无贴皮、散料。

（2）基层及底基层允许偏差应符合表5-2的规定。

石灰稳定土类基层及底基层允许偏差   表5-2

项目		允许偏差	检测频率			检验方法
			范围	点数		
中线偏位（mm）		≤20	100m	1		用经纬仪测量
纵断高程（mm）	基层	±15	20m	1		用水准仪测量
	底基层	±20				
平整度（mm）	基层	≤10	20m	路宽（m）	<9	1	用3m直尺和塞尺连续量取两尺取最大值
	底基层	≤15			9～15	2	
					>15	3	
宽度（mm）		不小于设计规定+B	40m	1		用钢尺量
横坡		±0.3%且不反坡	20m	路宽（m）	<9	2	用水准仪测量
					9～15	4	
					>15	6	
厚度（mm）		±10	1000m²	1		用钢尺量

注：表中 B 为土层结构施工对该层要求的必要附加宽度。

5.1.5 质量记录

1. 石灰土基层原材料质量进场检验及复检记录。

2. 环刀法、灌砂法或灌水法压实度试验记录及击实报告。

3. 7d无侧限抗压强度试验记录。

4. 分项工程质量检验记录。

5.1.6 安全与环保

1. 职业健康安全管理措施

（1）应根据施工特点做好技术安全交底工作，非施工人员严禁进入施工现场。

（2）现场应设置专职安全员，负责现场安全管理与监督检查工作。

（3）机械设备应做好日常维修保养，确保设备的安全使用性能。

（4）机械操作手应经培训持证上岗，不得疲劳作业。

（5）机械路拌时严禁机械急转弯或原地转向或倒行作业；拌和机运转过程中，严禁人员触摸传动机构，机械发生故障必须停机后，方可检修。

（6）石灰土基层施工中，各种现状地下管线的检查井（室）应随基层施工相应升高或降低，严禁掩埋。

（7）卸料、拌和、摊铺、碾压作业中，应由作业组长统一指挥，作业人员应协调一致；现场配合机械施工人员应集中注意力，面向施工机械作业。

（8）遇有四级以上大风天气，不得进行土方回填、转运以及其他可能产生扬尘污染的施工。

2. 环境保护措施

（1）在城区、居民区、乡镇、村庄、机关、学校、企业、事业等单位及其附近施工，不得在现场拌和石灰土。

（2）施工垃圾应及时运至合格的垃圾消纳地点，施工污水应沉淀后排入市政污水管网。

（3）应对施工现场进行围挡，采用低噪声机械设备，对噪声较大的设备（如发电机）进行专项隔离，减少噪声扰民。

（4）采用有封闭设施的运输车辆进行材料运输，减少遗撒及扬尘污染。

（5）对施工便道应采取硬化措施并进行日常养护，洒水保湿抑制灰尘；在施工现场的出入口设清洁池或车轮清洗设备。对现场的存土场、裸露地表采用防尘网覆盖、喷洒抑尘剂或进行临时绿化处理。

5.1.7 成品保护

1. 封闭施工现场，非施工人员及车辆不得进入养护路段。

2. 严禁压路机和重型车辆在已成活的路段上行驶，洒水车等不得在已成活的路段掉头或急刹车。

3. 应洒水、保温养护 7d 以上，确保石灰土基层表面的潮湿状态。

5.2 石灰、粉煤灰、钢渣稳定土类基层施工工艺

5.2.1 适用范围

本工艺适用于雄安新区园路铺装工程中石灰、粉煤灰、钢渣稳定土基层和底基层施工。

5.2.2 施工准备

1. 材料要求

（1）石灰的技术指标应符合表 5-1 的规定。

（2）粉煤灰应符合下列规定：

1）粉煤灰化学成分的 SiO_2、Al_2O_3 和 Fe_2O_3 总量宜大于 70%；在温度为 700℃ 的烧失量宜小于或等于 10%。

2）当烧失量大于 10% 时，应经试验确认混合料强度符合要求后，方可采用。

3）细度应满足 90% 通过 0.3mm 筛孔，70% 通过 0.075mm 筛孔，比表面积宜大于 $2500cm^2/g$。

（3）沙砾应经破碎、筛分，级配宜符合表 5-3 的规定，破碎沙砾中最大粒径不应大于 37.5mm。

沙砾、碎石级配 表 5-3

筛孔尺寸（mm）	通过质量百分率（%）			
	级配沙砾		级配碎石	
	非车行园路铺装	车行园路铺装	非车行园路铺装	车行园路铺装
37.5	100	—	100	—
31.5	85 ~ 100	100	90 ~ 100	100
19.0	65 ~ 85	85 ~ 100	72 ~ 90	81 ~ 98
9.50	50 ~ 70	55 ~ 75	48 ~ 68	52 ~ 70
4.75	35 ~ 55	39 ~ 59	30 ~ 50	30 ~ 50
2.36	25 ~ 45	27 ~ 47	18 ~ 38	18 ~ 38
1.18	17 ~ 35	17 ~ 35	10 ~ 27	10 ~ 27
0.60	10 ~ 27	10 ~ 25	6 ~ 20	8 ~ 20
0.075	0 ~ 15	0 ~ 10	0 ~ 7	0 ~ 7

（4）钢渣破碎后堆存时间不应少于半年，且达到稳定状态，游离氧化钙含量应小于 3%，粉化率不得超过 5%。钢渣最大粒径不应大于 37.5mm，压碎值不应大于 30%，且应清洁，不含废镁砖及其他有害物质；钢渣质量密度应以实际测试值为准。钢渣颗粒组成应符合表 5-4 的规定。

钢渣混合料中钢渣颗粒组成 表 5-4

筛孔（m，方孔）	37.5	26.5	16	9.5	4.75	2.36	1.18	0.60	0.075
通过的质量（%）	100	95 ~ 100	60 ~ 85	50 ~ 70	40 ~ 60	27 ~ 47	20 ~ 40	10 ~ 30	0 ~ 15

（5）土应符合下列要求：

1）当采用石灰粉煤灰稳定土时，土的塑性指数宜为 12 ~ 20。

2）当采用石灰与钢渣稳定土时，土的塑性指数宜为 7 ~ 17，不应小于 6，且不应大于 300。

（6）水应符合现行行业标准《混凝土用水标准》JGJ 63 的规定。宜使用饮用水及不含油类等杂质的清洁中性水，pH 宜为 6 ~ 8。

2. 施工机具与设备

（1）主要机械

1）采用摊铺机施工时：摊铺机、振动压路机、装载机、水车、运输卡车等。

2）采用平地机施工时：推土机、平地机、振动压路机、装载机、水车、运输卡车等。

（2）小型机具及检测设备：蛙夯或冲击夯、手推车；水准仪、全站仪、3m 直尺、平整度仪、灌砂筒等。

3. 作业条件

（1）下承层已通过各项指标验收，其表面平整、坚实，压实度、平整度、纵断高程、中线偏差、宽度、横坡度、边坡等各项指标必须符合有关规定。

（2）当下承层为新施工的水稳或石灰土层时，应确保其养护期在 7d 以上。路肩填土、中央分隔带填土已完成。

（3）施工前对下承层进行清扫，并适当洒水润湿。

（4）相关地下管线的预埋及回填已完成并经验收合格。

4. 技术准备

（1）原材料试验

1）检验石灰的有效钙和氧化镁含量。

2）检验粉煤灰中的氧化物含量、烧失量及细度。

3）检验钢渣游离氧化钙含量、粉化率、钢渣最大粒径、压碎值。

（2）根据设计文件的要求，按石灰、粉煤灰、钢渣、土质量确定配合比，确定最佳含水量、最大干密度。

（3）施工前进行 100 ~ 200m 试验段施工，确定机械设备组合效果、压实虚铺系数和施工方法。

5.2.3 操作工艺

1. 工艺流程

拌和—运输—施工放样—摊铺与整形—碾压成活—养护。

2. 操作方法

（1）拌和：参见第 5.1.3 节第 2 条 "（2）厂拌法施工" 中 "1）石灰土拌和"。

（2）运输：参见第 5.1.3 节第 2 条 "（2）厂拌法施工" 中 "2）石灰土运输"。

（3）施工放样：参见第 5.1.3 节第 2 条 "（1）路拌法施工" 中 "2）施工放样"。

（4）摊铺与整形

厂拌法拌和混合料的松铺系数一般取 1.2 ~ 1.4。

1）采用摊铺机摊铺

①摊铺时混合料的含水量宜大于最佳含水量 1% ~ 2%，以补偿摊铺及碾压过程中的水分损失。

②在摊铺机后面设专人消除粗细集料离析现象，特别是粗集料窝或粗集料带应铲除，并用拌和均匀的新混合料填补或补充细混合料并拌和均匀。

③用摊铺机摊铺混合料时，每天的工作缝应做成横向接缝，先将摊铺机附近未经压实的混合料铲除，再将已碾压密实且高程等符合要

求的末端挖成一横向与路中心线垂直向下的断面，然后再摊铺新的混合料。

④路幅较宽时，为消除纵向接缝，一般采用多台摊铺机多机作业，摊铺时，摊铺机间前后相距 5 ~ 8m 同时作业。

⑤当必须分幅施工时，纵缝应垂直相接，在前一幅施工时，靠中央一侧用方木做支撑，其高度和混合料压实厚度相同，养护结束后，在摊铺另一幅前拆除支撑方木。

2）采用平地机摊铺

①按铺筑厚度计算好每车混合料的铺筑面积，用白灰线标出卸料方格网，由运料车将混合料运至现场，按方格网卸料，每车的混合料装载量应基本一致。

②当混合料堆放 40 ~ 50m 后，推土机开始作业，按照虚铺厚度用白灰点做出标记，指示推土机操作手严格按所打白灰点作业，不得出现坑洼现象。

③推土机推出 20 ~ 30m 后，应开始进行稳压，稳压速度不宜过快，由低到高全幅静压一遍，为平地机刮平创造条件。

④稳压后，测量人员应检测此时高程，并在边桩上做出标记，随后根据稳压后的混合料虚铺厚度，挂线打自灰点指示平地机进行刮平作业。

⑤平地机按规定的坡度和路拱初步整平后，施工人员应对表面有集料离析现象的位置进行翻起、搅拌处理，用压路机碾压 1 ~ 2 遍，以暴露潜在的不平整。

⑥再用平地机重复上述操作过程，直至基层高程符合要求。

（5）碾压

1）在混合料含水量合适的情况下进行碾压，碾压分初压、复压和终压三个阶段。

2）初压、复压、终压宜采用 12t 以上三轮压路机、轮胎压路机或重型振动压路机压实。

3）混合料经摊铺和整形后，立即在全宽范围内进行碾压。直线段由两侧向中心碾压，超高段由内侧向外侧碾压。压路机应逐次倒轴碾压，两轮压路机每次重叠 1/3 轮宽，三轮压路机每次重叠后轮宽度的 1/2，使每层整个厚度和宽度完全均匀地压实到规定的密实度为止。

4）压实后表面应平整、无轮迹或隆起、裂纹搓板及起皮松散等现象，压实度达到规定要求。

5）碾压过程中，混合料的表面应始终保持温润。混合料的含水量应控制在最佳含水量的 1%～2%，如果表面水分蒸发过快，应及时补洒少量的清水。

6）每层碾压完成后，质控人员应及时检测压实度，测量人员测量高程，并做好记录。如高程不符合要求时，应根据实际情况进行机械或人工整平，使之达到要求。

（6）养护

1）碾压完成后应立即进行洒水养护，洒水次数视气温情况以保持基层表面湿润为度。也可采用覆盖塑料布的方式养护，覆盖前应洒水，养护期间要随时检查覆盖情况，用砂或土覆盖塑料布边缘。

2）当基层上为封层或透层时，可进行封层或透层乳化沥青施工，代替洒水和覆盖养护。

3）养护期不得少于 7d。养护期间应封闭交通，如分层连续施工应在 24h 内完成。

3. 冬雨期施工

（1）冬期施工

1）石灰、粉煤灰沙砾基层应在第一次重冰冻（-3～-5℃）到来前一个月停止施工，以保证其在达到设计强度前不受冻。

2）必要时可采取提高早期强度的措施，防止其受冻：

①在混合料中掺加 2%～5% 的水泥代替部分石灰。

②在混合料结构组成规定范围内加大集料用量。

③采用碾压成型的最低含水量的情况下压实，最低含水量宜小于最佳含水量 1%～2%。

④基层养护期进入冬期，应在混合料内掺加防冻剂。

（2）雨期施工

1）根据天气预报合理安排施工，做到雨天不施工。

2）雨期施工应对石灰、粉煤灰、钢渣稳定土进行覆盖，材料场地做好排水，使原材料避免雨淋浸泡。

3）应合理安排施工段长度，各项工序紧密连接，集中力量分段铺筑，缩短摊铺长度，已摊铺的应在雨前碾压密实。

5.2.4 质量标准

石灰、粉煤灰、钢渣稳定土类基层及底基层质量检验应符合下列规定：

1. 主控项目

原材料质量检验应符合下列要求：

（1）石灰应符合第 5.1.2 节"施工准备"中的规定。

（2）粉煤灰应符合第 5.2.2 节"施工准备"中的规定。

（3）钢渣应符合第 5.2.2 节"施工准备"中的规定。

（4）土应符合第 5.2.2 节"施工准备"中的规定。

（5）水应符合现行行业标准《混凝土用水标准》JGJ 63 的规定。宜使用饮用水及不含油类等杂质的清洁中性水，pH 宜为 6 ~ 8。

检查数量：按不同材料进厂批次，每批检查 1 次。

检验方法：查检验报告、复验。

其余项目参见第 5.1.4 节"质量标准"中"1. 主控项目"第（2）、（3）款的规定。

2. 一般项目

参见第 5.1.4 节"质量标准"中"2. 一般项目"的规定。

5.2.5 质量记录

1. 石灰、粉煤灰、钢渣稳定土类基层原材料质量进场检验及复检记录。

2. 灌砂法或灌水法压实度试验记录及击实报告。

3. 7d 无侧限抗压强度试验记录。

4. 分项工程质量检验记录。

5.2.6 安全与环保

见第 5.1.6 节"安全与环保"。

5.2.7 成品保护

除符合第 5.1.7 节"成品保护"的要求外，还应符合以下要求：

1. 养护期结束后，应及时铺筑下一层基层或面层，当不具备铺筑面层的条件时，应先做好封层或透层，并在表面撒布石屑进行保护。

2. 禁止在已施工完的基层上堆放材料和停放机械设备，防止破坏基层结构。

3. 应做好临时路面排水，防止浸泡已施工完的基层。

5.3 水泥稳定土类基层施工工艺

5.3.1 适用范围

本工艺适用于雄安新区园路铺装工程中的水泥稳定土类基层和底基层施工。

5.3.2 施工准备

1. 材料要求

（1）水泥应符合下列要求：

1）应选用初凝时间大于 3h，终凝时间不小于 6h 的普通硅酸盐水泥、矿渣硅酸盐水泥、火山灰硅酸盐水泥。水泥应有出厂合格证与生产日期，复验合格方可使用。

2）水泥贮存期超过 3 个月或受潮，应进行性能试验，合格后方可使用。

（2）土应符合下列要求：

1）土的不均匀系数不得小于 5，宜大于 10。

2）土中小于 0.6mm 颗粒的含量应小于 30%。

3）宜选用粗粒土、中粒土。

4）稳定土的颗粒范围和技术指标宜符合表 5-5 规定。

水泥稳定土类的粒料范围及技术指标   表 5-5

项目		通过质量百分率（%）			
		底基层		基层	
		非车行园路铺装	车行园路铺装	非车行园路铺装	车行园路铺装
筛孔尺寸（mm）	53	100	—	—	—
	37.5	—	100	100	90	—
	31.5	—	90 ~ 100	90 ~ 100	—	100
	26.5	—	—	—	66 ~ 100	90 ~ 100
	19.0	—	67 ~ 90	67 ~ 90	54 ~ 100	72 ~ 89
	9.5	—	—	45 ~ 68	39 ~ 100	47 ~ 67
	4.75	50 ~ 100	50 ~ 100	29 ~ 50	28 ~ 84	29 ~ 49
	2.36	—	—	18 ~ 38	20 ~ 70	17 ~ 35
	1.18	—	—	—	14 ~ 57	—
	0.60	17 ~ 100	17 ~ 100	8 ~ 22	8 ~ 47	8 ~ 22
	0.075	0 ~ 50	0 ~ 30[②]	0 ~ 7	0 ~ 30	0 ~ 7[①]
	0.002	0 ~ 30	—	—		
液限（%）		—	—	—		<28
塑性指数		—	—	—		<9

①集料中 0.5mm 以下细料土有塑性指数时，小于 0.075mm 的颗粒含量不得超过 5%；细粒土无塑性指数时，小于 0.075mm 的颗粒含量不得超过 7%；

②当用中粒土、粗粒土作车行园路铺装底基层时，颗粒组成范围宜采用作非车行园路铺装基层的组成。

（3）沙砾、级配碎石、未筛分碎石、碎石土、砾石和煤矸石、钢渣等粒料作原材料应符合下列要求：

1）当作基层时，粒料最大粒径不宜超过 37.5mm。

2）当作底基层粒料最大粒径：车行园路铺装不得超过 37.5mm；其他道路铺装不得超过 53mm。

3）各种粒料应按其自然级配状况，经人工调整使其符合表 5-5 的规定。

4）碎石、砾石、煤矸石等的压碎值：车行园路铺装基层与底基层不得大于 30%；其他园路铺装基层不得大于 30%，底基层不得大于 35%。

5）集料中有机质含量不得超过 2%。

6）集料中硫酸盐含量不得超过 0.25%。

7）钢渣破碎后堆存时间不应少于半年，且达到稳定状态，游离氧化钙含量应小于 3%，粉化率不得超过 5%。钢渣最大粒径不应大于 37.5mm，压碎值不应大于 30%，且应清洁，不含废镁砖及其他有害物质；钢渣质量密度应以实际测试值为准。钢渣颗粒组成应符合表 5-4 的规定。

（4）使用混凝土再生骨料、旧路的级配砾石、砂石或杂填土等应先进行试验。级配砾石、砂石等材料的最大粒径不宜超过分层厚度的 60%，且不应大于 10cm 土中欲掺入碎砖等粒料时，粒料掺入含量应经试验确定。

（5）水应符合现行行业标准《混凝土用水标准》JGJ 63 的规定。宜使用饮用水及不含油类等杂志的清洁中性水，pH 宜为 6 ~ 8。

2. 施工机具与设备

（1）主要机械

1）采用沥青混凝土摊铺机或稳定土摊铺机施工时：摊铺机、振动压路机、装载机、水车、运输卡车等。

2）采用平地机施工时：犁、松土机、推土机、平地机、振动压路机、装载机、水车、运输卡车等。

（2）小型机具及检测设备：蛙夯或冲击夯、手推车；水准仪、全站仪、3m 直尺、平整度仪、灌砂筒等。

3. 作业条件

见第 5.2.2 节第 3 条"作业条件"。

4. 技术准备

（1）原材料试验

1）检验水泥。

2）检验土或粒料。

（2）根据设计文件的要求，确定配合比，确定最佳含水量、最大干密度。

（3）施工前进行100～200m试验段施工，确定机械设备组合效果、压实虚铺系数和施工方法。

5.3.3 操作工艺

1. 工艺流程

施工放样—水泥稳定土类材料拌和—摊铺—碾压—接缝—养护。

2. 操作方法

（1）施工放样

见第5.1.3节第2条"（1）路拌法施工"中"3）施工放样"。

（2）水泥稳定土类材料拌和

1）土块应粉碎。

2）配料应准确，拌和应均匀。

3）含水量宜略大于最佳值，使混合料运到现场摊铺后碾压的含水量不小于最佳值。

4）在正式拌和前，应先调试所用设备，使混合料的颗粒组成和含水量都达到规定要求。当发生变化时，应重新调试设备。

5）在潮湿多雨地区或其他地区的雨期施工时，应采取措施覆盖保护集料，防止雨淋。

6）应根据集料含水量及时调整加水量。

（3）摊铺

1）应尽快将拌成的混合料运到铺筑现场。运输途中应对混合料进行苫盖，减少水分损失。

2）宜采用沥青混凝土摊铺机或稳定土摊铺机进行摊铺，松铺系数一般取1.3～1.5。

3）拌和机和摊铺机的生产能力应互相匹配。如拌和机生产能力较小，摊铺机应采用较低速度的摊铺，减少摊铺机停机待料的情况。

4）在摊铺机后设专人消除粗细集料离析现象。

5）水泥稳定土类材料自搅拌至摊铺完成，不应超过3h。应按当班施工长度计算用料量。

（4）碾压

宜先用轻型压路机跟在摊铺机后及时进行碾压，后用重型压路机继续碾压密实。经拌和、整形的水泥稳定土应在试验确定的延迟时间内完成碾压。

参见第 5.1.3 节第 2 条 "（1）路拌法施工"中"10）碾压"。

（5）接缝

1）摊铺机摊铺混合料不宜中断，如因故中断时间过长，应设置横向接缝，摊铺机应驶离混合料末端。

2）人工将末端含水量合适的混合料整齐，紧靠混合料放置方木，方木应与混合料压实厚度同厚；整平紧靠方木的混合料。

3）方木的另一侧用沙砾或碎石回填约 3m 长，其高度应高出方木几厘米。

4）将混合料碾压密实。

5）在重新开始摊铺之前，将沙砾或碎石和方木除去，并将下承层顶面清扫干净。

6）摊铺机返回到已压实层的末端，重新开始摊铺。

7）应尽量避免纵向接缝。车行园路铺装的基层宜整幅摊铺，宜采用两台摊铺机一前一后，步距 5 ~ 8m 同步向前摊铺，并一起进行碾压。在不能避免纵向接缝的情况下，纵缝必须垂直相接，严禁斜接，并符合下列规定：

①在前一幅摊铺时，在靠中央的一侧用方木或钢模板做支撑，方木或钢模板的高度应与基层的压实厚度相同。

②养护结束后，在摊铺另一幅之前，拆除支撑木（板）。

8）同日施工的两工段的衔接处，应采用搭接。前一段拌和整形后，留 5 ~ 8m 不进行碾压，后一段施工时，前段留下未压部分，应再掺加部分水泥重新拌和，并与后一段一起碾压。

9）应注意每天最后一段末端缝（即工作缝）的处理。工作缝可按下述方法处理：在已碾压完成的水泥稳定土层末端，沿稳定土挖一条横贯铺筑层全宽约 30cm 的槽，直挖到下承层顶面。此槽应与路中心垂直，靠稳定土的一面切成垂直面，并放与压实厚度等厚的方木紧贴其垂直面。用原挖出的素土回填槽内其余部分。第二天，邻接作业段拌和后，除去方木，用混合料回填。靠近方木未能拌和的一小段，应人工进行补充拌和。整平时，接缝处的水泥稳定土应比已完成断面高出约 5cm，以利形成平顺的接缝。在新混合料碾压过程中，应将接缝修整平顺。

（6）养护

1）水泥稳定土底基层分层施工时，下层水泥稳定土碾压完成后，在采用重型振动压路机碾压时，宜养护 7d 后铺筑上层水泥稳定土。在铺筑上层稳定土之前，应始终保持下层表面湿润。铺筑上层稳定土时，宜在下层表面撒少量水泥或水泥浆。底基层养护 7d 后，方可铺筑基层。

2）每一段碾压完成并经压实度检验合格后，应立即开始养护。

3）应保湿养护，养护结束后，须将覆盖物清除干净。

4）基层也可采用沥青乳液养护。沥青乳液的用量按 0.8 ～ 1.0kg/m² 选用，宜分两次喷洒。第一次喷洒沥青含量为 35% 的慢裂沥青乳液，第二次喷洒浓度较大的沥青乳液。养护期间应断绝交通。

3. 冬雨期施工

（1）冬期施工

水泥稳定土（粒料）类基层，宜在进入冬期前 15 ～ 30d 停止施工。当养护期进入冬期时，应在基层施工时向基层材料中掺入防冻剂。

（2）雨期施工

1）各地区的防汛期，宜作为雨期施工的控制期。

2）雨期施工应充分利用地形与既有排水设施，做好防雨和排水工作。

3）施工中应采取集中工力、设备，分段流水、快速施工，不宜全线展开。

4）雨中、雨后应及时检查工程主体及现场环境，发现雨患、水毁必须及时采取处理措施。

5）雨后摊铺基层时，应先对路基状况进行检查，符合要求后方可摊铺。

6）水泥稳定土类基层施工宜避开主汛期施工。

7）搅拌厂应对原材料与搅拌成品采取防雨淋措施，并按计划向现场供料。

8）施工现场应计划用料，随到随摊铺。

9）摊铺段不宜过长，并应当日摊铺、当日碾压成活。

10）未碾压的料层受雨淋后，应进行测试分析，按配合比要求重新搅拌。

5.3.4 质量标准

水泥稳定土类基层及底基层质量检验应符合下列规定：

1. 主控项目

（1）原材料质量检验应符合下列要求：

土及粒料、水泥和水应符合第 5.3.2 节的相关规定。

检查数量：按不同材料进厂批次，每批次抽查 1 次；

检查方法：查检验报告、复验。

（2）基层、底基层的要求见第 5.2.4 节第 1 条"主控项目"相关内容。

2. 一般项目

（1）表面应平整、坚实、接缝平顺，无明显粗、细骨料集中现象，无推移、裂缝、贴皮、松散、浮料。

（2）基层及底基层的偏差应符合表 5-2 的规定。

5.3.5 质量记录

1. 水泥稳定土基层原材料质量进场检验及复检记录。

2. 灌砂法或灌水法压实度试验记录及击实报告。

3. 7d 无侧限抗压强度试验记录。

4. 分项工程质量检验记录。

5.3.6 安全与环保

见第 5.1.6 节"安全与环保"。

5.3.7 成品保护

见第 5.2.7 节"成品保护"。

5.4 级配碎石（碎砾石）基层施工工艺

5.4.1 适用范围

本工艺适用于雄安新区园路铺装工程中的级配碎石（碎砾石）基层和底基层施工。

5.4.2 施工准备

1. 材料准备

（1）轧制级配碎石的材料可为各种类型的岩石（软质岩石除外）、砾石。轧制碎石的砾石粒径应为碎石最大粒径的 3 倍以上，碎石中不应有黏土块、植物根叶、腐殖质等有害物质。

（2）碎石中针片状颗粒的总含量应不超过 20%。

（3）级配碎石及级配碎砾石的颗粒组成及技术指标应满足表 5-6 的规定。同时，级配曲线宜为圆滑曲线。

级配碎石及级配碎砾石的颗粒范围及技术指标　　　　　　　　　　　　　　　　　　表 5-6

项目		通过质量百分率（%）			
		基层		底基层③	
		非车行园路铺装	车行园路铺装	非车行园路铺装	车行园路铺装
筛孔尺寸（mm）	53	—	—	100	
	37.5	100	—	85 ~ 100	100
	31.5	90 ~ 100	100	69 ~ 88	83 ~ 100
	19.0	73 ~ 88	85 ~ 100	40 ~ 65	54 ~ 84
	9.5	49 ~ 69	52 ~ 74	19 ~ 43	29 ~ 59
	4.75	29 ~ 54	29 ~ 54	10 ~ 30	17 ~ 45
	2.36	17 ~ 37	17 ~ 37	8 ~ 25	11 ~ 35
	0.6	8 ~ 20	8 ~ 20	6 ~ 18	6 ~ 21
	0.075	0 ~ 7②	0 ~ 7②	0 ~ 10	0 ~ 10
液限（%）		<28	<28	<28	<28
塑性指数		<6（或 9①）	<6（或 9①）	<6（或 9①）	<6（或 9①）

①潮湿多雨地区塑性指数宜小于 6，其他地区塑性指数宜小于 9。

②对于无塑性的混合料，小于 0.075mm 的颗粒含量接近高限。

③底基层所列为未筛分碎石颗粒组成范围。

（4）级配碎石或级配碎砾石的压碎值应满足表 5-7 的规定。

级配碎石及级配碎砾石压碎值 表 5-7

项目	压碎值	
	基层	底基层
主要车行道路	<26%	<30%
普通车行园路铺装	<30%	<35%
非车行园路铺装	<35%	<40%

（5）碎石或碎砾石应为多棱角块体，软弱颗粒含量应小于 5%；扁平细长碎石含量应小于 20%。

2. 施工机具与设备

（1）主要机械：装载机、推土机、摊铺机、平地机、压路机、水车、运输卡车等。

. （2）小型机具及检测设备：蛙夯或冲击夯、手推车、水准仪、全站仪、3m 直尺、平整度仪、灌砂筒等。

（3）一般机具：测墩、3mm 或 5mm 直径钢丝绳、倒链、铝合金导梁等。

3. 作业条件

（1）级配碎石（碎砾石）的下承层通过各项指标验收，其表面平整、坚实，压实度、平整度、纵断高程、中线偏差、宽度、横坡度、边坡等各项指标必须符合有关规定。

（2）运输、摊铺、碾压等设备及施工人员已就位；拌和及摊铺设备已调试运转良好。

（3）施工现场运输道路畅通。

4. 技术准备

（1）级配碎石（碎砾石）已检验、试验合格。

（2）施工方案编制、审核、审批已完成。

（3）施工前进行 100～200m 试验段施工，采用计划用于主体工程的材料、配合比、压实设备和施工工艺进行实地铺筑试验，确定在不同压实条件下达到设计压实度时的松铺厚度、压实系数、压实机械设备组合、最少压实遍数和施工工艺流程等。

5.4.3 操作工艺

1. 工艺流程

准备下承层—施工放样—级配碎石（碎砾石）材料拌和—运输—摊铺（平地机布料、整平或摊铺机摊铺）—碾压—接缝处理—养护。

2. 操作方法

（1）准备下承层

下承层应平整、坚实，具有路拱。新建下承层应通过验收，达到本工艺规定；对于老路面，应检查其材料是否符合底基层材料的技术要求，如不符合要求，应翻松老路面并采用必要的处理措施。下承层不宜做成槽式路面。

（2）施工放样

参见第 5.1.3 节第 2 条"（1）路拌法施工"中"2）施工放样"。

（3）级配碎石（碎砾石）材料拌和

可在拌和厂用多种机械进行集中拌和，如强制式拌和机、卧式双转轴桨叶式拌和机、普通水泥混凝土拌和机等。

1）对用于车行园路铺装的级配碎石基层和中间层，宜采用不同粒级的单一尺寸碎石和石屑，按预定配合比在拌和机内拌制级配碎石（碎砾石）。

2）不同粒级的碎石和石屑等细集料应隔离，分别堆放。

3）细集料应有覆盖，防止雨淋。

4）在正式拌制级配碎石（碎砾石）之前，必须先调试所有的厂拌设备，使级配碎石（碎砾石）的颗粒组成和含水量都能达到要求。

5）在采用未筛分碎石和石屑时，如未筛分碎石或石屑的颗粒组成发生明显变化，应重新调试设备。

（4）运输

1）级配碎石（碎砾石）装车时，应控制每车料的数量基本相等。

2）在同一料场供料的路段内，宜由远到近卸置集料。卸料距离应严格掌握，避免料不够或过多。

3）料堆每隔一定距离应留一缺口。

4）级配碎石（碎砾石）在下承层上的堆置时间不应过长。运送级配碎石（碎砾石）比摊铺工序只提前数天。

5）用平地机或其他合适的机具将料均匀地摊铺在预定的宽度上，表面应力求平整，并具有规定的路拱。

6）检查松铺材料层的厚度，必要时应进行减料或补料工作。

（5）摊铺

1）级配碎石（碎砾石）用于车行园路铺装时，应用碎石摊铺机械进行摊铺。应事先通过试验确定级配碎石（碎砾石）的松铺系数并确定松铺厚度。

①摊铺时级配碎石（碎砾石）的含水量宜高于最佳含水量约1%，以补偿摊铺及碾压过程中的水分损失。在摊铺机后面应设专人消除粗细集料离析现象，特别是粗集料窝或粗集料带应铲除，并用新级配碎石（碎砾石）填补或补充细级配碎石（碎砾石）并拌和均匀。

②路宽大于8m时宜采用双机作业，两台摊铺机组成摊铺作业梯队，其前后间距为5～8m。摊铺机内、外侧用铝合金导梁控制高程。摊铺机起步后，测量、质检人员要立即检测高程、横坡和厚度，并及时进行调试。施工过程中摊铺机不得随意变速、停机，应保持摊铺的连续性和匀速性。

2）级配碎石用于非车行园路铺装时，如没有摊铺机，也可用推土机、装载机或者人工摊铺级配碎石（碎砾石）。摊铺级配碎石（碎砾石）松铺系数为1.25～1.35。

①根据摊铺层的厚度和要求达到压实度，计算每车级配碎石（碎砾石）的摊铺面积。

②级配碎石（碎砾石）均匀地卸在路幅中央，路幅宽时，也可将级配碎石（碎砾石）卸成两行。

③用平地机将级配碎石（碎砾石）按松铺厚度摊铺均匀。

④设一个三人小组跟在平地机后，及时消除粗细集料离析现象。对于粗集料集中的"窝"和"带"，应添加细集料，并拌和均匀（见图5-4、图5-5）。

（6）碾压

1）摊铺后，当级配碎石（碎砾石）的含水量等于或略大于最佳

图 5-4　级配碎石运输及摊铺　　　　图 5-5　级配碎石摊铺

含水量时，立即用 12t 以上压路机进行碾压。直线和不设超高的平曲线段，由两侧路肩开始向路中心碾压；碾压时压路机应逐次倒轴碾压，两轮压路机每次重叠 1/3 轮宽，三轮压路机每次重叠后轮宽度的 1/2；后轮必须超过两段的接缝处。后轮压完路面全宽时，即为一遍。碾压一直进行到要求的密实度为止。一般需碾压 6 ~ 8 遍，碾压后应使轮迹深度不得大于 5mm。压路机的碾压速度，头两遍以 1.5 ~ 1.7km/h 为宜，以后用 2.0 ~ 2.5km/h。

2）路面的两侧应多压 2 ~ 3 遍。

3）严禁压路机在已完成的或正在碾压的路段上调头或急刹车。

4）碾压过程中，应注意观察，随时适当补水，保持湿润，不得积水。凡含土的级配碎石（碎砾石）层，都应进行滚浆碾压，一直压到碎石层中无多余细土泛到表面为止。滚到表面的浆（或事后变干的薄土层）应清除干净。

5）碾压成活后，发现粗细骨料集中的部位，应挖出，换填合格材料重新碾压成活。

6）碎石压实后及成活中应适量洒水，并视压实碎石的缝隙情况撒布嵌缝料。宜采用 12t 以上压路机碾压成活，碾压至缝隙嵌挤密实、稳定，表面平整，轮迹小于 5mm。

（7）接缝处理

1）用摊铺机摊铺级配碎石（碎砾石）时，靠近摊铺机当天未压实的级配碎石（碎砾石），可与第二天摊铺的级配碎石（碎砾石）一起碾压，但应注意此部分级配碎石（碎砾石）的含水量。必要时，应人工补充洒水，使其含水量达到要求。

2）用平地机摊铺级配碎石（碎砾石）时，两作业段的衔接处，应搭接拌和。第一段拌和后，留5～8m不进行碾压，第二段施工时，前段留下未压部分与第二段一起拌和整平后进行碾压。

3）应避免纵向接缝。如摊铺机的摊铺宽度不够，必须分两幅摊铺时，宜采用两台摊铺机一前一后相隔约5～8m同步向前摊铺级配碎石（碎砾石）。在仅有一台摊铺机的情况下，可先在一条摊铺带上摊铺一定长度后，再开到另一条摊铺带上摊铺，然后一起进行碾压。

4）在不能避免纵向接缝的情况下，纵缝必须垂直相接，不应斜接，并按下述方法处理：

①在前一幅摊铺时，在靠后一幅的一侧应用方木或钢模板做支撑，方木或钢模板的高度与级配碎石层的压实厚度相同。

②摊铺后一幅之前，将方木或钢模板除去。

③如在摊铺前一幅时未用方木或钢模板支撑，靠边缘的30cm左右难于压实，而且形成一个斜坡，在摊铺后一幅时，应先将未完全压实部分和不符合路拱要求部分挖松并补充洒水，待后一幅级配碎石（碎砾石）摊铺后一起进行整平和碾压。

（8）养护

级配碎石（碎砾石）基层未洒透层沥青或未铺封层时，禁止开放交通，以保护表层不受破坏。

3. 冬雨期施工

（1）冬期施工

级配碎石（碎砾石）冬期不宜施工。当不可避免在冬期施工时，应根据施工环境最低温度，泼洒防冻剂，其掺量与浓度应经试验确定。随泼洒随碾压，当泼洒盐水时，其浓度和冰点的关系见表5-8。

（2）雨期施工

1）雨期施工时注意及时收听天气预报，并采取相应的排水措施，以防止雨水进入路面基层，冲走路基表面的细粒土，降低路基强度。

2）雨期施工期间应随铺随碾压，当天碾压成活。

不同浓度氯盐水溶液的冰点 表 5-8

15℃时溶液密度（g/cm²）	氯盐含量（g）		冰点（℃）
	在 100g 溶液中	在 100g 水内	
1.04	5.6	5.9	−3.5
1.06	8.3	9.0	−5.0
1.09	12.2	14.0	−8.5
1.10	13.6	15.7	−10.0
1.14	18.8	23.1	−15.0
1.17	22.4	29.0	−20.0

5.4.4 质量标准

级配碎石（碎砾石）基层及底基层质量检验应符合下列规定：

1. 主控项目

（1）集料质量及级配符合第 5.4.2 节第 1 条的相关规定。

检查数量：按不同材料进场批次，每批抽检不应少于 1 次。

检验方法：查检验报告。

（2）级配碎石压实度：基层压实度不小于 97%、底基层压实度不小于 95%。

检查数量：每压实层，每 1000m² 抽检 1 点。

检验方法：灌砂法或灌水法。

（3）弯沉值：不应大于设计要求。

检查数量：设计要求时每车道、每 20m，测 1 点。

检验方法：弯沉仪检测。

2. 一般项目

（1）表面应平整、坚实，无松散和粗、细集料集中现象。

检查数量：全数检查。

检验方法：观察。

（2）级配碎石（碎砾石）及级配砾石基层和底基层允许偏差应符合表 5-9 的有关规定。

级配碎石（碎砾石）基层和底基层允许偏差　　　　表 5-9

序号	项目	规定值或允许偏差		检查频率			检验方法
				范围	点数		
1	厚度	砂石	+20mm −10mm	1000m²	1		用钢尺量
		砾石	+20mm −10% 层厚				
2	平整度	基层	≤ 10mm	20m	路宽 （m）	<9	1	用 3m 直尺和塞 尺连续量取两 尺取最大值
		底基层	≤ 15mm			9 ~ 15	2	
						>15	3	
3	宽度	不小于设计要求 +B		40m	1		用钢尺测量
4	中线偏位	≤ 20mm		100m	1		用经纬仪测量
5	纵断高程	基层	±15mm	20m	1		用水准仪测量
		底基层	±20mm				
6	横坡	±0.3% 且不反坡		20m	路宽 （m）	<9	2	用水准仪测量
						9 ~ 15	4	
						>15	6	

注：B 为施工必要附加宽度。

5.4.5 质量记录

1.级配碎石（碎砾石）基层原材料质量进场检验及复检记录。

2.击实报告及灌砂法或灌水法压实度试验记录。

3.基层弯沉试验记录。

4.分项工程质量检验记录。

5.4.6 安全与环保

见第 5.1.6 节"安全与环保"。

5.4.7 成品保护

1.封闭施工现场，悬挂醒目的禁行标志，设专人引导交通，看护现场。

2.严禁车辆及施工机械进入成活路段。

3.级配碎石（碎砾石）成活后，如不连续施工应适当洒水养护。

4.禁止在已施工完的基层上堆放材料和停放机械设备，防止破坏基层结构。

5.5 级配沙砾（砾石）基层施工工艺

5.5.1 适用范围

本工艺适用于雄安新区园路铺装工程中的级配沙砾（砾石）基层和底基层施工。

5.5.2 施工准备

1. 材料要求

（1）级配砾石作园路铺装基层时，砾石的最大粒径不应超过 37.5mm；用作底基层时，砾石的最大粒径不应超过 53mm。

（2）天然沙砾应质地坚硬，含泥量不应大于砂质量（颗粒小于 5mm）的 10%，砾石颗粒中细长及扁平颗粒的含量不应超过 20%。

（3）级配沙砾及级配砾石的颗粒范围及技术指标应满足表 5-10 的规定，同时，级配曲线应为圆滑曲线。

级配沙砾（砾石）的颗粒范围及技术指标　　　　　　　　　　　　　　　　表 5-10

项目		通过质量百分率（%）		
		基层	底基层	
		砾石	砾石	沙砾
筛孔尺寸（mm）	53		100	100
	37.5	100	90 ~ 100	80 ~ 100
	31.5	90 ~ 100	81 ~ 94	
	19.0	73 ~ 88	63 ~ 81	
	9.5	49 ~ 69	45 ~ 66	40 ~ 100
	4.75	29 ~ 54	27 ~ 51	25 ~ 85
	2.36	17 ~ 37	16 ~ 35	
	0.6	8 ~ 20	8 ~ 20	8 ~ 45
	0.075	0 ~ 7[②]	0 ~ 7[②]	0 ~ 15
液限（%）		<28	<28	<28
塑性指数		<6（或 9[①]）	<6（或 9[①]）	<9

①潮湿多雨地区塑性指数宜小于 6，其他地区塑性指数宜小于 9。

②对于无塑性的级配沙砾（砾石），小于 0.075mm 的颗粒含量接近高限。

（4）级配砾石用作基层时，石料的集料压碎值参见表 5-6 中相关规定。

2. 施工机具与设备

见第 5.4.2 节第 2 条"施工机具与设备"。

3. 作业条件

见第 5.4.2 节第 3 条"作业条件"。

4. 技术准备

见第 5.4.2 节第 4 条"技术准备"。

5.5.3 操作工艺

1. 工艺流程

见第 5.4.3 节第 1 条。

2. 操作方法

（1）准备下承层

见第 5.4.3 节第 2 条"（1）准备下承层"。

（2）施工放样

见第 5.1.3 节第 2 条"（1）路拌法施工"中"2）施工放样"。

（3）级配砾石（砂石）材料拌和

级配砂砾（砾石）可在拌和厂用多种机械进行集中拌和，如强制式拌和机、卧式双转轴桨叶式拌和机、普通水泥混凝土拌和机等。根据各路段基层或底基层的宽度、厚度及预定的干密度，计算各段需要的级配砂砾（砾石）数量。根据级配砂砾（砾石）的含水量以及所用运料车辆的吨位，计算每车材料的堆放距离。

1）不同粒级的粗、细集料应隔离，分别堆放。

2）细集料应有覆盖，防止雨淋。

3）在正式拌制级配砂砾（砾石）之前，必须先调试所有的厂拌设备，使级配砂砾（砾石）的颗粒组成和含水量都能达到规定的要求。

（4）运输

见第 5.4.3 节第 2 条"（4）运输"。

（5）摊铺

用平地机摊铺级配砂砾（砾石），其松铺系数约为 1.25 ~ 1.35。

其他要求参见第 5.4.3 节第 2 条"（5）摊铺"。

（6）碾压

见第 5.4.3 节第 2 条"（6）碾压"。

（7）接缝

见第 5.4.3 节第 2 条"（7）接缝处理"。

（8）养护

见第 5.4.3 节第 2 条"（8）养护"。

3. 冬雨期施工

见第 5.4.3 节第 3 条。

5.5.4 质量标准

（1）集料质量及级配符合本工艺第 5.5.2 节第 1 条的相关规定。

检查数量：按不同材料进场批次，每批抽检不应少于 1 次。

检验方法：查检验报告。

其他要求见第 5.4.4 节"质量标准"。

5.5.5 质量记录

见第 5.4.5 节"质量记录"。

5.5.6 安全与环保

见第 5.1.6 节"安全与环保"。

5.5.7 成品保护

见第 5.4.7 节"成品保护"。

第 6 章

园路铺装的面层施工工艺

园路铺装的面层是位于基层之上的结构，是直接承受路面荷载以及其他物理化学作用的结构层，一般园路铺装须具备足够的强度和刚度，且面层要有一定的弹性和耐磨性能。但由于园路铺装荷载低、交通量小，因此各种高级路面及低级路面都可以在园路铺装中看到。如在园林中的车行主路及停车场、大面积铺装上常使用整体路面，面层材料使用公路及市政道路常用的沥青路面及混凝土路面。而在非车行园路铺装中，则在提高基层强度的要求后，使用大量装饰性材料，如天然石材、木材、鹅卵石、烧结砖、非烧结预制砖、木材等，甚至会使用玻璃、金属材料、丙烯树脂、环氧树脂等高分子材料、工程塑料等非常规材料。在游人少至的地方，大量改良土路面、级配砂石路面、木屑覆盖等面层均可满足游人通行要求。因此，园路铺装的面层在满足强度要求后，会根据路面的功能要求、景观要求等进行多材料选择、多材料组合，多颜色组合，组成复杂的图案花纹。这些都增加了施工的难度。

沥青地面成本低、施工简单、平整度高，常用于步行道、停车场的地面铺装，在沥青地面中，除了沥青混凝土地面外，还有透水性沥青地面、彩色沥青地面等，增加了路面的色彩与应用场景。

水泥混凝土可适用于各种形式的路面铺装的面层，在园林中常利用混凝土材料凝固前具有可塑性的特点，对其表面进行诸如抹光、拉毛、拉道、水洗、水磨、印模、作色等处理，使其色泽变化、纹理突出，用于各种道路、广场面层。在水泥混凝土的配比中，较少沙子的使用量，可以获得较好的透水性能，形成透水混凝土结构。

水泥混凝土还可以在园路铺装中作为基层使用，在其表面通过水泥砂浆等结合层的粘结作用，设置如花岗岩板材、板岩等，材料自身可以有各种颜色、形状变化及表面处理，组合起来丰富多彩。还可以有预制的混凝土砖、烧结砖、卵石、木材、仿木材料、仿石材料、陶瓷地面砖、金属材料等。根据面层材料的厚度、强度，水泥混凝土的厚度与强度都可以与之配合。在水泥混凝土或者沥青混凝土表层还可以铺设无毒的化工材料，改善其弹性与外观，主要有人工草皮、合成橡胶、合成树脂等材料，应用于跑步道、运动场、儿童游戏场等环境。

块料路面是采用具有一定厚度和面积的大块材料，以胶结材料粘接在一起，或者使用粗砂等处理找平后直接铺设在基层上的路面面层。该面层材料常为经一定程度加工的石材块料、预制混凝土块料等，具有表面有防滑性、不易产生眩光、颜色范围广等特点。此外，块料路面的铺缝也可以构成一定的纹理纹样，形成路面铺装的观赏特征。块料路面可以利用材料自身的透水保水性能，也可以使用材料缝隙构成透水铺装。透水透气铺装还有使用嵌草铺装。嵌草铺装即缝间带孔的砌块，草种要选用耐践踏、排水性好的品种。因其稳定性强，能承受轻载的车辆，多用于停车场和广场的局部。

园路铺装中常使用胶结的碎料如鹅卵石、小弹石、石屑、木屑等。胶结料常用水泥砂浆，也可以使用高分子材料如环氧树脂等。简易路面还常使用无胶结的细级配沙石作为面层铺装，或者直接使用石灰土、二灰土等基层材料作为面层使用。这些路面强调的是道路铺装的自然材料属性，能够通行人及小型车辆，贴近自然，但日常维护工作量大。

6.1 机械摊铺沥青面层施工工艺

6.1.1 适用范围

本工艺适用于雄安新区园路铺装中的机械摊铺热拌沥青混合料（HMA）和再生沥青混合料、改性沥青混合料、SMA（改性）沥青混合料路面的施工。

6.1.2 施工准备

1. 材料准备

（1）对拟供应材料的厂家所提供的生产配合比进行复核，对沥青、粗集料、细集料、矿粉、纤维稳定剂等原料进行取样检验，其质量符合规范要求。

（2）沥青混合料运输至施工现场后凭运料单接收，立即对表观进行检查，应均匀一致，无花、白、糊料，无粗细料分离和结团成块现象。

2. 施工机具与设备

（1）摊铺机、10t 以上静力压路机、18 ~ 25t 轮胎压路机、激振力 30t 以上振动式压路机、小型压路机、带保温苫盖装置的大吨位自卸货车；水准仪、经纬仪等测量设备和湿度密度仪、自动测平仪、无接触红外测温仪、取芯机等试验检测设备。

（2）SMA 路面不宜采用胶轮压路机。

3. 作业条件

（1）沥青混合料摊铺前应对下承层进行验收，检查项目应包括：线位、高程、宽度、厚度、横纵坡度、压实度、清洁度等。旧沥青路面或下卧层已被污染时，必须清洗或经铣刨处理后方可铺筑沥青混合料。

（2）设定摊铺机行走路线，保证基准桩、拴基准绳的位置，高程应准确，建议使用摊铺机滑靴控制摊铺厚度，也可使用无接触式平衡梁进行高程控制。摊铺时应严格控制摊铺机行走方向。

（3）路缘石或平石宜在摊铺前安砌完毕，应保持位置准确、牢固。

（4）道路范围内的雨水口、检查井等应按设计标高预调高程。

（5）与现况路面衔接处切成直茬，用直尺靠验，高程应符合要求，新老路面衔接应直顺、平整。

（6）透层油喷洒宜在成活基层表面稍干后进行，按设计规定用量喷洒，设计未规定时，透层油用量参考表 6-1。喷洒后应立即撒布石屑。

沥青路面透层材料的规格和用量表　　　　　　　　表 6-1

用途	用途		乳化沥青	
	规格	用量（L/m²）	规格	用量（L/m²）
无结合料粒料基层	AL（M）-1、2 或 3 AL（S）-1、2 或 3	1.0 ~ 2.3	PC-2 PA-2	1.0 ~ 2.0
半刚性基层	AL（M）-1 或 2 AL（S）-1 或 2	0.6 ~ 1.5	PC-2 PA-2	0.7 ~ 1.5

注：表中用量是指包括稀释剂和水分等在内的液体沥青、乳化沥青的总量。乳化沥青中的残留物含量以 50% 为基准。

（7）摊铺沥青混合料前 2 ~ 3h，应均匀喷洒粘层油；在路面接茬或与检查井、雨水口等接触处，应涂刷黏层油，黏层油性能应与沥青混合料相匹配；使用乳化沥青时，乳液应均匀且在破乳后方可摊铺沥青混合料。

（8）按摊铺方案保证摊铺机械及人员完成准备、就位。

4. 技术准备

（1）组织图纸会审，并已经完成。

（2）编制详细的路面沥青混合料摊铺施工方案，上报监理并得到审批。

（3）对施工操作人员进行技术交底和安全交底。

（4）试验段：正式大面积进行沥青混合料摊铺前，先进行试摊铺用来检验以下项目：

1）摊铺机的排板是否合理，固定板和活动板配置宽度是否合适。

2）验证沥青混合料配比是否准确合理。

3）摊铺速度是否合理。

4）对压路机配备是否合理，初压、复压、终压三个阶段的碾压开始及结束温度、遍数及压路机吨位和碾速是否合适。

5）确定不同面层沥青混合料摊铺松铺系数。

6）检验施工人员的实际施工操作程序及人员配备是否合理。

7）检验摊铺实际效果，量测各检验指标。

8）蜡封法密度与湿度密度仪测试对比系数。

9）检验在桥梁段施工机械配备是否合理，胶轮压路机是否可行，振动压路机能否在桥梁段挂振。

6.1.3 操作工艺

1. 工艺流程

测量放线—热拌沥青混合料、改性沥青混合料、SMA（改性）沥青混合料运输—热拌沥青混合料、改性沥青混合料、SMA（改性）沥青混合料摊铺—沥青路面的压实及成型—封闭养护—开放交通。

2. 操作工艺

（1）测量放线

1）根据设计文件在施工现场测设道路中线、边线线位和高程，采用5m方格网的形式或根据摊铺机行走宽度将摊铺厚度标志于道路表面。

2）对道路面内检查井外露高程利用十字线法进行进一步量测复核。可采用在路缘石侧面弹线的方式标注边缘摊铺厚度。

在检验合格的道路下卧层上按摊铺机铺设宽度进行测量放线：沿道路中线方向每 10m 设一高程控制点，控制点设置在摊铺机行走区域两侧；交叉路口及广场施工，应用 5m×5m 高程方格网控制。变坡与弯道处基准桩应加密。

（2）热拌沥青混合料、改性沥青混合料、SMA（改性）沥青混合料的运输

1）热拌沥青混合料、改性沥青混合料、SMA（改性）沥青混合料宜采用较大吨位的运料车运输，但不得超载运输或急刹车、急弯掉头，使透层、封层、粘层造成损伤。运料车的运力应在保证摊铺施工的基础上稍有富余，施工过程中摊铺机前方应有运料车等候。等候的运料车多于 5 辆后开始摊铺。

2）运料车每次使用前后必须清扫干净，在车厢板上涂一薄层防止沥青粘结的隔离剂或防粘剂，但不得有余液积聚在车厢底部。从拌和机向运料车上装料时，应多次挪动汽车位置，平衡装料，以减少混合料离析。运料车运输混合料应用苫布覆盖保温、防雨、防污染。

3）运料车进入摊铺现场时，轮胎上不得沾有泥土等可能污染路面的脏物，否则宜设水池洗净轮胎后进入工程现场。沥青混合料在摊铺地点凭运料单接收，若混合料不符合施工温度要求，或已经结成团块、已遭雨淋的混合料不得铺筑。

4）摊铺过程中运料车应在摊铺机前 100 ~ 300mm 处停住，空挡等候，由摊铺机推动前进开始缓缓卸料，避免撞击摊铺机。有条件时，运料车可将混合料卸入转运车经二次拌和后向摊铺机连续均匀地供料。运料车每次卸料必须倒净，如有剩余，应及时清除，防止硬结。

5）如发现有沥青混合料沿车厢板滴漏，应采取措施予以避免。

（3）热拌沥青混合料、改性沥青混合料、SMA（改性）沥青混合料摊铺

1）热拌沥青混合料采用机械摊铺，施工温度应符合表 6-2 的规定。改性沥青混合料及 SMA（改性）沥青混合料采用机械摊铺，施工温度应符合表 6-3 的规定。

热拌沥青混合料施工温度 表 6-2

施工工序		石油沥青的标号			
		50 号	70 号	90 号	110 号
沥青加热温度（℃）[①]		160 ~ 170	155 ~ 165	150 ~ 160	145 ~ 155
矿料加热温度（℃）	间隙式拌和机	集料加热温度比沥青温度高 10 ~ 30			
	连续式拌和机	集料加热温度比沥青温度高 5 ~ 10			
沥青混合料出料温度（℃）		150 ~ 170	145 ~ 165	140 ~ 160	135 ~ 155
混合料贮料仓贮存温度（℃）		矿（贮）料过程中温度降低不超过 10			
混合料废弃温度（℃），高于		200	195	190	185
运输到现场温度（℃），不低于[①]		145 ~ 165	140 ~ 155	135 ~ 145	130 ~ 140
混合料摊铺温度（℃），不低于[①]		140 ~ 160	135 ~ 150	130 ~ 140	125 ~ 135
开始碾压的混合料内部温度（℃），不低于[①]		135 ~ 150	130 ~ 145	125 ~ 135	120 ~ 130
碾压终了的表面温度（℃），不低于[②]		80 ~ 85	70 ~ 80	65 ~ 75	60 ~ 70
开放交通的路表温度（℃），不高于		50	50	50	45

①常温下宜用低值，低温下宜用高值。

②视压路机类型而定。轮胎压路机取高值，振动压路机取低值。

注：1. 沥青混合料的施工温度采用有金属探测针的插入式数显温度计测量。表面温度可采用接触式温度计测定。当用红外线温度计测量表面温度时应进行标定。

2. 表中未列入的 130 号、160 号及 30 号沥青的施工温度由试验确定。

改性沥青混合料及 SMA（改性）沥青混合料正常施工温度 表 6-3

工序	聚合物改性沥青品种		
	SBS 类	SBR 乳胶类	EVA、PE 类
沥青加热温度（℃）	160 ~ 165		
改性沥青现场制作温度（℃）[①]	165 ~ 170	–	165 ~ 170
成品改性沥青加热温度，不大于	175	–	175
集料加热温度（℃）[①]	190 ~ 220		185 ~ 195
改性沥青 SMA 混合料出厂温度（℃）[①]	170 ~ 185		165 ~ 180
混合料最高温度（废弃温度）（℃）	195		
混合料贮存温度（℃）	拌和出料后降低不超过 10		
摊铺温度（℃），不低于	160		
初压开始温度（℃），不低于	150		
碾压终了的表面温度（℃），不低于	90		
开放交通时的路表温度（℃），不高于	50		

①常温下宜用低值，低温下宜用高值。

注：当采用上表以外的聚合物或天然沥青改性沥青时，施工温度由试验确定。

2）摊铺机开工前应提前 0.5 ~ 1h 预热熨平板至不低于 100℃。铺筑过程中应选择使用熨平板的振捣或夯锤压实装置，使之具有适宜的振动频率和振幅，以提高路面的初始压实度。熨平板加宽连接应仔细调节至摊铺的混合料没有明显的离析痕迹。

3）摊铺机呈梯队作业进行联合摊铺时，纵缝相邻的摊铺搭接应有 10 ~ 20cm 的重叠宽度。

4）摊铺机必须缓慢、均匀、连续不间断地摊铺，不得随意变换速度或中途停顿，以提高平整度，减少混合料的离析。摊铺速度宜控制在 2 ~ 4m/min 的范围内，对改性沥青宜放慢至 1 ~ 3m/min（摊铺时行走最佳速度由试验段得出的数据确定）。当发现混合料出现明显的离析、波浪、裂缝、拖痕时，应分析原因，予以消除。

5）摊铺机应采用自动找平方式，下面层宜采用钢丝绳引导的高程控制方式，中面层采用浮动基准梁找平或非接触式平衡梁控制方式，上面层宜采用非接触式平衡梁或雪橇式摊铺厚度控制方式。直接接触式平衡梁的轮子不得粘附沥青。经摊铺机初步压实的摊铺层应符合平整度、横坡的要求。

6）摊铺机的螺旋布料器应相应于摊铺速度调整到保持一个稳定的速度均衡地转动，两侧应保持有不少于送料器 2/3 高度的混合料，以减少在摊铺过程中混合料的离析。

7）用机械摊铺的混合料，不宜用人工反复修整。

8）接缝。沥青路面的施工必须接缝紧密、连接平顺，不得产生明显的接缝离析。上下层的纵缝应错开 150mm（热接缝）或 300 ~ 400mm（冷接缝）以上。相邻两幅及上下层的横向接缝均应错位 1m 以上。接缝施工应用 3m 直尺检查，确保平整度符合要求。

纵向接缝部位的施工应符合下列要求：

①摊铺时采用梯队作业的纵缝应采用热接缝，将已铺部分留下 100 ~ 200mm 宽暂不碾压，作为后续部分的基准面，然后作跨缝碾压以消除缝迹。

②当半幅施工或因特殊原因而产生纵向冷接缝时，宜加设挡板或使用切刀切齐，也可在混合料尚未完全冷却前用镐刨除边缘留下毛茬，但不宜在冷却后采用切割机作纵向切缝。加铺另半幅前应涂洒少量沥

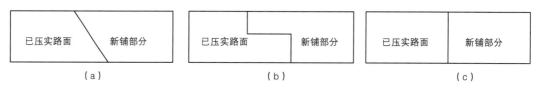

图 6-1　横向接缝的几种形式
（a）斜接缝；（b）阶梯形接缝；（c）平接缝

青，重叠在已铺层上 50～100mm，再铲走铺在前半幅上面的混合料，碾压时由边向中碾压留下 100～150mm，再跨缝挤紧压实。或者先在已压实路面上行走碾压新铺层 150mm 左右，然后再压实新铺部分。

表面层横向接缝应采用垂直的平接缝，以下各层可采用自然碾压的斜接缝，沥青层较厚时也可作阶梯形接缝（见图 6-1）。

斜接缝的搭接长度与层厚有关，宜为 0.4～0.8m。搭接处应洒少量沥青，混合料中的粗集料颗粒应予剔除，并补上细料，搭接平整，充分压实。阶梯形接缝的台阶经铣刨而成，并洒黏层沥青，搭接长度不宜小于 3m。

平接缝宜趁尚未冷透时用凿岩机或人工垂直创除端部层厚不足的部分，使工作缝成直角连接。当采用切割机制作平接缝时，宜在铺设当天混合料冷却但尚未结硬时进行。创除或切割不得损伤下层路面。切割时留下的泥水必须冲洗干净，待切除断面干燥后涂刷粘层油。使用 3m 杠尺检测接缝处的平整度，不符合平整度要求的部分予以清除。摊铺前用熨平板预热，使接茬软化，保证新旧接茬粘接牢固。接缝碾压时，可沿道路垂直方向进行横向碾压，第一遍碾压时碾压轮大部分压在已完成的路面上，只有 10～15cm 压在新铺一侧，以后每碾压一遍就向新铺一侧延展 15～20cm，直至全部碾压轮压在新铺一侧为止，结束横向碾压，改为纵向碾压，充分压实至达到压实度要求。碾压连接处应平顺，严禁在接缝处转向。

（4）热拌沥青混合料、改性沥青混合料、SMA（改性）沥青混合料路面的压实及成型

1）压实成型的沥青路面应符合压实度及平整度的要求。

2）沥青混凝土的压实层最大厚度不宜大于 100mm，沥青稳定碎石混合料的压实层厚度不宜大于 120mm，但当采用大功率压路机

且经试验证明能达到压实度时允许增大到 150mm。

3）沥青路面施工应配备足够数量的压路机，选择合理的压路机组合方式及初压、复压、终压（包括成型）的碾压步骤，以达到最佳碾压效果。铺筑双车道沥青路面的压路机数量不宜少于 5 台。施工气温低、风大、碾压层薄时，压路机数量应适当增加。

4）碾压过程中压路机钢轮需要及时清理，可涂刷 1：1 的植物油与水混合液，以防止粘碾。

5）压路机应以慢而均匀的速度碾压，压路机的碾压速度应符合表 6-4 的规定。压路机的碾压路线及碾压方向不应突然改变而导致混合料推移。碾压区的长度应大体稳定，两端的折返位置应随摊铺机前进而推进，横向不得在相同的断面上。

压路机碾压速度（单位：km/h）   表 6-4

压路机类型	初压		复压		终压	
	适宜	最大	适宜	最大	适宜	最大
钢筒式压路机	1.5～2	3	2.5～3.5	5	2.5～3.5	5
轮胎压路机	—	—	3.5～4.5	6	4～6	8
振动压路机	1.5～2 （静压）	5 （静压）	1.5～2 （振动）	1.5～2 （振动）	2～3 （静压）	5 （静压）

6）碾压温度见表 6-3，在不产生严重推移和裂缝的前提下，初压、复压、终压都应在尽可能高的温度下进行。同时不得在低温状况下作反复碾压，使石料棱角磨损、压碎，破坏集料嵌挤。

7）沥青混合料的初压应符合下列要求：

①热拌沥青混合料、改性沥青混合料、SMA（改性）沥青混合料初压温度应以能稳定混合料，且不产生推移、发裂为度。

②压路机应以慢而均匀的速度从外侧向中心碾压，在超高路段则由低向高碾压，在坡道上应将驱动轮从低处向高处碾压。

③初压应采用重型双钢轮振动压路机碾压 1～2 遍（前进、后退组合为 1 遍），前进时不挂振，后退时挂振。前进转为倒退操作应平稳，停机换向时应提前减速再慢慢停车，操作要柔和，不能紧急制动。

④每次停车换向不能在同一横截面上，即每次倒轴应向前推进，呈阶梯形，纵向推进距离为 2～3m。

⑤碾压过程中相邻碾压带挂振时的重叠度不大于 10cm，不挂振时的重叠度不小于 20cm。

⑥压路机碾压过程中应保持碾压轮的清洁，如有混合料粘碾现象时必须立即清除。可向碾轮喷洒少量的自来水或加中性洗涤剂的自来水，禁止使用柴油喷洒碾轮而腐蚀沥青路面。对于喷水量要进行严格控制，需呈雾状喷洒，不得漫流，以防止混合料降温过快。

⑦初压应在紧跟摊铺机后进行，并保持较短的初压区长度，以尽快使表面压实，减少热量散失。对摊铺后初始压实度较大，经实践证明采用振动压路机或轮胎压路机直接碾压无严重推移而有良好效果时，可免去初压直接进入复压工序。

⑧废胎橡胶改性沥青混合料不得进行人工找补。

8）复压应紧跟在初压后进行，并应符合下列要求：

①复压应紧跟在初压后开始，且不得随意停顿。压路机碾压段的总长度应尽量缩短，通常不超过 60 ~ 80m。复压温度、速度应符合规定，相邻碾压带应重叠后轮 1/3 ~ 1/2 轮宽。采用不同型号的压路机组合碾压时宜安排每一台压路机做全幅碾压。防止不同部位的压实度不均匀。

②对粗集料为主的较大粒径的混合料，尤其是大粒径沥青稳定碎石基层，宜优先采用振动压路机复压。厚度小于 30mm 的薄沥青层不宜采用振动压路机碾压。振动压路机的振动频率宜为 35 ~ 50Hz，振幅宜为 0.3 ~ 0.8mm。层厚较大时选用高频率大振幅，以产生较大的激振力，厚度较薄时采用高频率低振幅，以防止集料破碎。相邻碾压带重叠宽度为 100 ~ 200mm。振动压路机折返时应先停止振动。

③复压 3 遍时，随时检测路面压实度，压实度检测采用湿度密度仪。根据检测结果，确定是否达到密实度，如若达不到密实度，需要立即增加碾压遍数，直至达到密实度要求为止。

④当采用三轮钢筒式压路机时，总质量不宜小于 12t，相邻碾压带宜重叠后轮的 1/2 宽度，并不应少于 200mm。

⑤对路面边缘、加宽及港湾式停车带等大型压路机难于碾压的部位，宜采用小型振动压路机或振动夯板作补充碾压。

9）终压应紧接在复压后进行，终压温度、速度应符合规定。如经复压后已无明显轮迹时可免去终压。终压可选用双轮钢筒式压路机或关闭振动的振动压路机，碾压不宜少于 2 遍，至无明显轮迹为止。终压收面过程中，应由专人用 3m 直尺在横向、纵向检查路面的平整度，如发现平整度不理想，用压路机及时补压。

10）压路机不得在未碾压成型路段上转向、调头、加水或停留。在当天成型的路面上，不得停放各种机械设备或车辆，不得散落矿料、油料等杂物。

（5）封闭养护

铺筑好的沥青层应严格控制交通，做好封闭保护，封闭现场应由专人看护。已铺筑的道路要保持整洁，不得造成污染，严禁在沥青层上堆放其他施工项目产生的土或杂物，严禁在已铺沥青层上制作、堆放水泥砂浆。

（6）开放交通

热拌沥青混合料、改性沥青混合料、SMA（改性）沥青混合料路面应待摊铺路面层完全自然冷却，混合料表面温度低于 50℃后，方可开放交通。

3. 冬雨期施工

（1）关注天气预报，加强工地现场、沥青拌和厂及气象台站之间的联系，控制施工长度，各项工序紧密衔接。

（2）外界环境温度较低时，运输热拌沥青混合料、改性沥青混合料、SMA（改性）沥青混合料的运输车应采取保温措施，各运输车辆须备有较厚且大的苫布，苫布须完好无损并包裹至侧、后厢板，其车厢内侧要覆盖岩棉被，两侧及后侧厢板须加装完好、有效的保温材料。

（3）外界环境温度较低时，施工现场应配备足够的压路机进行碾压。压路机振动碾压时由常温时的低频高压改为高频低压，保证路面压实度符合要求。

（4）热拌沥青混合料、改性沥青混合料、SMA（改性）沥青混合料摊铺时，下卧层表面应干燥、清洁，无冰、雪、霜等。车行园路热拌沥青混合料摊铺施工环境温度不宜低于 10℃。环境温度较低时，应准备好挡风、加热、保温工具和设备等，最低摊铺温度见表 6-5；改性沥青混合料的最低摊铺温度见表 6-6。

沥青混合料的最低摊铺温度 表 6-5

下卧层的表面温度（℃）	相应于下列不同摊铺层厚度的最低摊铺温度（℃）		
	普通沥青混合料		
	<50mm	50 ~ 80mm	>80mm
<5	不允许	不允许	140
5 ~ 10	不允许	140	135
10 ~ 15	145	138	132
15 ~ 20	140	135	130
20 ~ 25	138	132	128
25 ~ 30	132	130	126
>30	130	125	124

改性沥青混合料及 SMA（改性）沥青混合料的最低摊铺温度 表 6-6

下卧层的表面温度（℃）	相应于下列不同摊铺层厚度的最低摊铺温度（℃）		
	改性沥青混合料		
	<50mm	50 ~ 80mm	>80mm
<5	不允许	不允许	不允许
5 ~ 10	不允许	不允许	不允许
10 ~ 15	165	155	150
15 ~ 20	158	150	145
20 ~ 25	153	147	143
25 ~ 30	147	145	141
>30	145	140	139

（5）未压实成活即遭雨淋的热拌沥青混合料，应全部刨除更换新料。

（6）运料车和工地应备有防雨设施，并做好基层及路肩排水。降雨或下卧层潮湿时，不得铺筑热拌沥青混合料、改性沥青混合料、SMA（改性）沥青混合料混合料。

6.1.4 质量标准

1. 主控项目

（1）热拌沥青混合料、热拌改性沥青混合料、SMA 混合料，查出厂合格证、检验报告并进场复验，拌和温度、出厂温度应符合相关规范的规定。

检查数量：全数检查。

检验方法：查测温记录，现场检测温度。

（2）沥青混合料品质应符合马歇尔实验配合比技术要求。

检查数量：每日、每品种检查 1 次。

检验方法：现场取样试验。

2. 一般项目

表面应平整、坚实，接缝紧密，无枯焦；不应有明显轮迹、推挤裂缝、脱落、烂边、油斑、掉渣等现象，不得污染其他构筑物。面层与路缘石、平石及其他构筑物应接顺，不得有积水现象。

检查数量：全数检查。

检验方法：观察。

6.1.5 质量记录

1. 测量复核记录。

2. 热拌沥青混合料、改性沥青混合料、SMA（改性）沥青混合料进场、摊铺测温记录。

3. 碾压热拌沥青混合料、改性沥青混合料、SMA（改性）沥青混合料测温记录。

4. 热拌沥青混合料、改性沥青混合料、SMA（改性）沥青混合料压实度试验报告（蜡封法）。

5. 热拌沥青混合料、改性沥青混合料、SMA（改性）沥青混合料路面厚度检验记录。

6. 路面弯沉值检验记录。

7. 路面平整度检查记录。

8. 路面粗糙度检查记录。

9. 分项质量评定表。

6.1.6 安全与环保

1. 按照交通疏导方案组织交通，尽量维持现有交通通行能力，将工程施工对社会交通的影响降到最低限度。施工现场安排专职交通安全员，负责维护交通并协助民警工作。现场施工人员必须身穿反光背心，进出施工区域时，必须注意社会车辆，在确保安全的前提下进出。

2. 道路施工现场均要按照国家标准设置各种标识、标志，按照"警告区""缓冲区""作业区""过渡区"的顺序依次封闭道路。作业区前必须码放消能桶，防止社会车辆闯入。夜间施工必须设置交通安全标志灯及交通专用闪光指示牌，并保证设有足够的照明灯具，以保证车辆及行人的安全。白天施工时安排人员维护封路交通设施，巡视交通状况，充分掌握道路交通情况，发现问题及时汇报。

3. 施工作业人员应按规定佩戴工作服、手套、防热鞋等劳动保护用品。

4. 凡患有结膜炎、皮肤病和对沥青过敏反应者不宜从事沥青作业。

5. 沥青运输车到达现场后，必须设专人指挥，指挥人员应根据工程需要和现场环境状况，及时疏导交通，保证运输安全。

6. 粘在车轮上的材料应及时清理，防止遗撒现象发生。

7. 在道路上洒布透层油、黏层油应使用专业洒布机具作业。

8. 施工区域应设专人值守，非施工人员严禁入内。

9. 洒布机作业必须有专人指挥。作业前，指挥人员应检查现场作业路段，确认检查井井盖盖牢、人员和其他施工机械撤出作业路段后，方可向洒布机操作人员发出作业指令。

10. 沥青洒布前应进行试喷，确认合格。试喷时，油嘴前方 3m 内不得有人。沥青喷洒前，必须对检查井、闸井、雨水口采取覆盖等安全防护措施。

11. 沥青洒布时，施工人员应位于沥青洒布机的上风向，并宜距喷洒边缘 2m 以外。

12. 五级（含）以上风力时，不得进行沥青洒布作业。

13. 沥青洒布车作业和压路机运行中，现场人员不得攀登机械，严禁触摸机械的传动机构。

14. 施工作业时，禁止对机械进行维护、保养工作。

15. 热拌沥青混合料、改性沥青混合料、SMA（改性）沥青混合料碾压过程中，应由作业组长统一指挥，协调作业人员、机械、车辆之间的相互配合关系，保持安全作业。

16. 碾压作业中必须设置专人指挥压路机。指挥人员应与压路机操作工密切配合，根据现场环境状况及时向机械操作工发出正确信号，并及时疏导周围人员。

17. 两台以上压路机联合作业时，前后间距不得小于 3m，左右间距不得小于 1m。

18. 施工现场应根据压路机的行驶速度，确定机械运行前方的危险区域，在危险区域内不得有人。

19. 施工现场应成立专职的文明施工小分队，建立文明施工管理制度，由专职安全文明施工人员带领，负责全线文明施工的管理工作。

20. 为减少环境污染，施工现场应配备洒水车洒水降尘，并设专人维护施工交通便线。

21. 运输车辆进、出施工现场均设专人检查，清扫轮胎所带泥土，同时教育司机进入施工现场、转弯上坡减速慢行，避免遗洒，减少扬尘，对运输车辆行驶路线进行检查，发现遗洒及时清扫。

22. 施工沿线与现况道路交叉口必要处设置夜间照明，为保证居民出行和夜间施工创造必要的条件。

6.1.7 成品保护

1. 沥青洒布前，应对道路缘石等构件及其他附属工程外露部位采取必要覆盖保护措施，防止污染道路附属构筑物。

2. 沥青洒布后，禁止非施工人员进入施工现场，作业人员禁止践踏路缘石等道路附属构件。

3. 碾压时防止压路机破坏路缘石等构件，对于井周路边等位置选用小型压路机，以更好地保护路缘石等构件。

4. 施工完成后，施工机械不能停放在路面上，防止机械漏油污染损坏路面，履带式车辆通过摊铺后的路面时，必须采取保护措施，如在履带下铺垫木板等。

5. 在没放行的路面上，防止社会车辆进入，禁止各种施工车辆调头、急转、急刹车。

6.2 人工摊铺热拌沥青混合料面层施工工艺

6.2.1 适用范围

本工艺适用于雄安新区园路铺装中路面狭窄、平曲线过小的部位，以及小规模路面工程和不具备机械摊铺条件但可人工摊铺沥青混合料的工程施工。

6.2.2 施工准备

1. 材料准备

见第 6.1.2 节第 1 条"材料准备"。

2. 施工机具与设备

10t 以上钢轮压路机、轮胎压路机、振动压路机、小型压路机、自卸货车、装载机具，水准仪、经纬仪等测量设备和湿度密度仪、3m 直尺、测温仪、取芯机等试验检测设备。

3. 作业条件

见第 6.1.2 节第 3 条"作业条件"。

4. 技术准备

见第 6.1.2 节第 4 条"技术准备"。

6.2.3 操作工艺

1. 工艺流程

测量放线—热拌沥青混合料运输—沥青混合料摊铺—搂平—碾压—筛补—接茬—养护—开放交通。

2. 操作工艺

（1）测量放线

见第 6.1.3 节第 2 条"（1）测量放线"。

（2）热拌沥青混合料的运输

见第 6.1.3 节第 2 条"（2）热拌沥青混合料、改性沥青混合料、SMA（改性）沥青混合料的运输"中第 1）、3）的规定。

（3）沥青混合料摊铺

1）热拌沥青混合料采用人工摊铺，摊铺温度应符合表 6-2 的规定。

2）路幅宽度小于 20m 时应尽量采用全幅摊铺，保持横向齐头顺序前进，当路宽超过 20m 时采用分条摊铺。

3）摊铺应自路边开始，逐渐移向中心。注意检查两侧路缘石及雨水口周围情况，如有松动情况必须立即进行处理。

4）采用扣摊铺时，要求锹锹重叠，用推车或装载机摊铺时应使用热锹摊平。

5）摊铺施工人员要求职责明确，摊铺路线相对固定，防止相互干扰。

6）热拌沥青混合料的松铺系数应根据混合料类型、施工机械和施工工艺等应通过试验段确定，松铺系数可参照表 6-7 进行初选。摊铺过程中应随时检查摊铺层厚度及路拱、横坡。

热拌沥青混合料的松铺系数　　　　　　　　　　　　　　表 6-7

种类	人工摊铺	种类	人工摊铺
沥青混凝土	1.25 ~ 1.50	沥青碎石	1.20 ~ 1.45

摊铺段落要保证压路机行驶，不易过短，一般可参考表 6-8。

热拌沥青混合料的摊铺长度参考表　　　　　　　　　　　表 6-8

无风时的气温（℃）	摊铺段落长度（m）	
	有建筑物防风路段	开阔路段
5 ~ 10	30 ~ 60	25 ~ 30
10 ~ 15	60 ~ 100	30 ~ 50
15 ~ 25	100 ~ 150	50 ~ 80
>25	150 ~ 200	80 ~ 100

（4）搂平

搂平工作紧跟摊铺施工，随铺随搂，以路边路缘石弹线为准，向路中方格网平砖搂平。窄于 9m 路宽要全幅进行搂平。

按摊铺宽度，由技术熟练人员分条迅速搂平，每人搂平宽度以 1.5 ~ 2.0m 为宜。搂平时要注意两人重叠部位的平整和颗粒均匀，虚厚掌握准确，相互配合紧密。

设置专人负责全断面搂平找细工作，超出允许误差时，要及时进行修整。同时要随时使用 3m 直尺或水准仪检查平整度。

（5）碾压

见第 6.1.3 节第 2 条第（4）款的相关规定。

（6）筛补

1）沥青混合料要求粗细一致，不必强调细光。

2）对于局部粗麻现象，应在碾压一遍后用手工筛细料热修补，筛在碾压方向前方，随筛随压，但需要随时注意安全。

3）石油沥青混凝土低于 70℃时应停止筛补，以免产生掉渣现象。

（7）接茬

1）横缝与纵缝都采用直茬热接。

2）为保证下次接茬质量，路面碾压成活后应立即画线用镐刨直茬，茬缝应与路线方向垂直或平行。刨除不得损伤下层路面。使用 3m 直尺检测接缝处的平整度，不符合平整度要求的部分予以清除。刨除后断面涂刷粘层油。

（8）养护

见第 6.1.3 节第 2 条"（5）封闭养护"。

（9）开放交通

见第 6.1.3 节第 2 条"（6）开放交通"。

3. 冬雨期施工

见第 6.1.3 节第 3 条"冬雨期施工"。

6.2.4 质量标准

见第 6.1.4 节"质量标准"。

6.2.5 质量记录

见第 6.1.5 节"质量记录"。

6.2.6 安全与环保

见第 6.1.6 节"安全与环保"。

6.2.7 成品保护

见第 6.1.7 节 "成品保护"。

6.3 冷拌沥青混合料面层施工工艺

6.3.1 适用范围

本工艺适用于雄安新区车行园路铺装的沥青面层、沥青路面的基层、连接层或整平层，也可用于沥青路面的坑槽冷补及临时顺坡施工。

6.3.2 施工准备

1. 材料准备

（1）冷拌沥青混合料

1）冷拌沥青混合料宜采用密级配沥青混合料，当采用半开级配的冷拌沥青碎石混合料路面时，应铺筑上封层。冷拌沥青混合料宜采用乳化沥青或液体沥青拌制，也可采用改性乳化沥青，原材料质量符合规范要求。

2）乳化沥青碎石混合料的乳液用量应根据当地实践经验以及交通量、气候、集料情况、沥青强度等级、施工机械等条件确定，也可按冷拌沥青混合料的沥青用量折算，实际的沥青残留物数量可较同规格冷拌沥青混合料的沥青用量减少 10% ~ 20%。

（2）冷补沥青混合料

1）用于修补沥青路面坑槽的冷补沥青混合料宜采用适宜的改性沥青结合料制造，并具有良好的耐水性。

2）冷补沥青混合料的矿料级配宜参照表 6-9 的要求执行。沥青用量通过试验并根据实际使用效果确定，通常宜为 4% ~ 6%。其级配应符合补坑的需要，粗集料级配必须具有充分的嵌挤能力，以便在未经充分碾压的条件下可开放通车碾压而不松散。

冷补沥青混合料的矿料级配 表 6-9

类型	通过下列筛孔（mm）的百分率（%）											
	26.5	19.0	16.0	13.2	9.5	4.75	2.36	1.18	0.6	0.3	0.15	0.075
细粒式 LB-10				100	80～100	30～60	10～40	5～20	0～15	0～12	0～8	0～5
细粒式 LB-13			100	90～100	60～95	30～60	10～40	5～20	0～15	0～12	0～8	0～5
中粒式 LB-16		100	90～100	50～90	40～75	30～60	10～40	5～20	0～15	0～12	0～8	0～5
粗粒式 LB-19	100	95～100	80～100	70～100	60～90	30～70	10～40	5～20	0～15	0～12	0～8	0～5

注：1. 黏聚性试验方法：将冷补材料 800g 装入马歇尔试模中，放入 4℃恒温室中 2～3h，取出后双面各击实 5 次，制作试件，脱模后放在标准筛上，将其直立并使试件沿筛框来回滚动 20 次，破损率不得大于 40%。
2. 冷补沥青混合料马歇尔试验方法：称混合料 1180g 在常温下装入试模中，双面各击实 50 次，连同试模一起以侧面竖立方式置 110℃烘箱中养护 24h，取出后再双面各击实 25 次，再连同试模在室温中竖立放置 24h，脱模后在 60℃恒温水槽中养护 30min，进行马歇尔试验。

3）冷补沥青混合料的质量宜符合下列要求：制造冷补沥青混合料的集料必须符合热拌沥青混合料集料的质量要求；有良好的低温操作和易性。用于冬季寒冷季节补坑的混合料，应在松散状态下经-10℃的冰箱保持 24h 无明显的凝聚结块现象，且能用铁铲方便地拌和操作；有良好的耐水性，混合料按水煮法或水浸法检验的抗水剥落性能（裹覆面积）不得小于 95%；冷补沥青混合料应有足够的黏聚性，马歇尔试验稳定度宜不小于 3kN。

2. 施工机具与设备

摊铺机、轻型、中型钢轮压路机、胶轮压路机、自卸货车；水准仪、经纬仪等测量设备；3m 直尺、测平仪、取芯机等试验检测设备。

3. 作业条件

见第 6.1.2 节第 3 条"作业条件"。

4. 技术准备

见第 6.1.2 节第 4 条"技术准备"。

6.3.3 操作工艺

1. 工艺流程

测量放线—冷拌沥青混合料运输—混合料摊铺—冷拌沥青混合料路面的压实及成型—养护及开放交通。

2. 操作工艺

（1）测量放线

见第 6.1.3 节第 2 条"（1）测量放线"。

（2）冷拌沥青混合料的运输

1）冷拌沥青混合料宜采用较大吨位的运料车运输，但不得超载运输，或急刹车、急弯掉头。

2）运料车的运输距离要适当，防止因运输时间过长造成破乳而产生废料。

3）卸料必须倒净，如有剩余，应及时清除，防止硬结。

（3）冷拌沥青混合料摊铺

1）冷拌沥青混合料采用机械摊铺。

2）铺筑过程如发现冷拌沥青混合料出现破乳现象则材料不能继续使用。

3）冷拌沥青混合料路面施工的最低气温应符合要求，寒冷季节遇大风降温，不能保证迅速压实时，不得铺筑冷拌沥青混合料。冷拌沥青混合料的最低摊铺温度根据气温、下卧层表面温度、摊铺层厚度与冷拌沥青混合料种类经试验确定，车行园路铺装不宜在气温低于15℃条件下施工。每天施工开始阶段宜采用接近控制温度上限的混合料。

（4）冷拌沥青混合料路面的压实及成型

1）压实成型的沥青路面应符合压实度及平整度的要求。

2）沥青混凝土的压实层最大厚度不宜大于100mm，沥青稳定碎石混合料的压实层厚度不宜大于120mm，但当采用大功率压路机且经试验证明能达到压实度时允许增大到150mm。

3）冷拌沥青混合料初压应使用6t左右轻型压路机碾压1～2遍，且不产生推移、发裂为度。

4）在轻型压路机使混合料初步稳定后，再用轮胎压路机或钢筒式压路机碾压 1 ~ 2 遍。

5）当乳化沥青开始破乳、混合料由褐色转变成黑色时，改用 12 ~ 15t 轮胎压路机碾压，将水分挤出，复压 2 ~ 3 遍后停止，待晾晒一段时间，水分基本蒸发后继续复压至密实为止。

6）当压实过程中有推移现象时应停止碾压，待稳定后再碾压。当天不能完全压实时，可在较高气温状态下补充碾压。

7）当缺乏轮胎压路机时，也可采用钢筒式压路机或较轻的振动压路机碾压。

8）乳化沥青混合料路面的上封层应在压实成型、路面水分完全蒸发后加铺。

（5）养护及开放交通

乳化沥青混合料路面施工结束后宜封闭交通 2 ~ 6h，并注意做好早期养护。开放交通初期，应设专人指挥，车速不得超过 20km/h，不得刹车或掉头。

3. 冬雨期施工

（1）冬期施工：冷拌沥青混合料较之热拌沥青混合料低温施工性能有所增强，但也需要按照有关规定进行施工。

（2）雨期施工：冷拌沥青混合料施工遇雨应立即停止铺筑，以防雨水将乳液冲走。

6.3.4 质量标准

1. 主控项目

（1）面层所用乳化沥青的品种、性能和集料的规格、质量应符合规范要求。

检查数量：按产品进场批次和产品抽样检验方案确定。

检验方法：查进场复查报告。

（2）冷拌沥青混合料的压实度不应小于 95%。

检查数量：每 1000m² 测 1 点。

检验方法：检查配合比设计资料、复测。

（3）面层厚度应符合设计规定，允许偏差为 +15 ~ -5mm。

检查数量：每 1000m² 测 1 点。

检验方法：钻孔或刨挖，用钢尺量。

2. 一般项目

（1）表面应平整、坚实，接缝紧密，不应有明显轮迹、粗细骨料集中、推挤、裂缝、脱落等现象。

检查数量：全数检查。

检验方法：观察。

（2）冷拌青混合料面层允许偏差应符合表 6-10 的规定。

冷拌沥青混合料面层允许偏差表　　　　　　　　　　　　　　　　　表 6-10

项目		允许偏差	检验频率			检验方法
			范围	点数		
纵断高程		±20mm	20m	1		用水准仪测量
中线偏位		≤20mm	100m	1		用经纬仪测量
平整度		≤10mm	20m	路宽（m）	<9　　1 9～15　2 >15　　6	用3m直尺、塞尺连续量两尺，取较大值
宽度		不小于设计值	40m	1		用钢尺量
模坡		±0.3% 且不反坡	20m	路宽（m）	<9　　2 9～15　4 >15　　6	用水准仪测量
井框与路面高差		≤5mm	每座	1		十字法，用直尺、塞尺量取最大值
抗滑	摩擦系数	符合设计要求	200m	1 全线连续		摆式仪 模向力系数
	构造系数	符合设计要求	200m	1		砂铺法、激光构造深度仪

6.3.5 质量记录

见第 6.1.5 节"质量记录"。

6.3.6 安全与环保

见第 6.1.6 节"安全与环保"。

6.3.7 成品保护

见第 6.1.7 节"成品保护"。

6.4 大孔隙排水式沥青混合料（OGFC）面层施工工艺

开级配抗滑磨耗层（OGFC）（大孔隙开级配排水式沥青磨耗层）是指用大孔隙的沥青混合料铺筑、能迅速从其内部排走路表雨水，具有抗滑、抗车辙及降噪的优良品性。设计孔隙率大于18%，具有较强的结构排水能力，能够满足园路铺装中透水铺装的要求。OGFC集料通常使用高黏度沥青或者通过拌和时外加高黏度改性剂获得。

6.4.1 适用范围

本工艺适用于雄安新区铺筑大孔隙排水式沥青混合料（OGFC）路面的施工。

6.4.2 施工准备

1. 材料准备

（1）在合理定价的前提下，认真考察OGFC生产厂家的综合生产能力，确定2～3个优秀厂家作为材料供应厂家。

（2）对拟供应材料的厂家所提供的生产配合比进行复核，对沥青、集料、矿粉、纤维稳定剂等原料进行取样检验，质量符合规范的要求，OGFC混合料技术要求应符合表6-11的规定。

OGFC混合料技术要求 表6-11

试验项目	单位	技术要求	试验方法
马歇尔试件尺寸	mm	$\phi 101.6 \times 63.5$	T0702
马歇尔试件击实次数	—	两面击实50次	T0702
空隙率	%	18～25	T0708
马歇尔稳定度不小于	kN	3.5	T0709
析漏损失	%	<0.3	T0732
肯特堡飞散损失	%	<20	T0733

注：试验方法按照现行行业标准《公路工程沥青及沥青混合料试验规程》JTG E20规定的方法执行。

（3）OGFC 运输至施工现场后凭运料单接收，立即对 OGFC 表观进行检查，应均匀一致，无花、白、糊料，无粗细集料分离和结团成块等现象。

（4）OGFC 运输至现场温度不宜低于 170℃，摊铺前温度不宜低于 160℃。

（5）OGFC 混合料宜随拌随用，开始摊铺时在施工现场等候卸料的运料车在每台摊铺机前不宜少于 5 辆，且不多于 10 辆。

2. 施工机具与设备

（1）摊铺机：宜使用牵引力大，且具有自动控制、自找平和熨平装置的履带式摊铺机。

（2）压路机：OGFC 路面宜采用小于 12t 的钢筒式压路机碾压。

（3）拌和设备：依托于现有沥青混合料拌和设备，在沥青储存罐与拌和机之间串、并联部分辅助设备。需要添加的设备包括：添加剂储藏罐、二次加热装置、反应装置等。

（4）运输机具：自卸货车装载机等临时转运机械。

（5）其他设备：水准仪、经纬仪等测量设备和湿度密度仪、自动测平仪、无接触红外测温仪、取芯机等试验检测设备。

3. 作业条件

见第 6.1.2 节第 3 条"作业条件"。

4. 技术准备

见第 6.1.2 节第 4 条"技术准备"。

6.4.3 操作工艺

1. 工艺流程

测量放线—OGFC 运输—OGFC 摊铺—压实及成型—封闭养护—开放交通。

2. 操作工艺

（1）测量放线

见第 6.1.3 节第 2 条"（1）测量放线"。

（2）OGFC 的运输

1）OGFC 的施工温度应符合表 6-12 的要求。

2）其余要求参见第 6.1.3 节第 2 条第（2）款的相关规定。

OGFC 正常施工温度范围（℃） 表 6-12

	工序	控制温度（℃）	测量部位
生产温度	改性沥青加热温度	160～170	沥青加热罐
	集料加热温度	180～190	热料提升斗
	混合料出厂温度	170～185	运料车
	混合料到场温度	>165	运料车
	混合料废弃温度	>195 或 <140	运料车
施工温度	摊铺温度	≥160	摊铺机
	初压温度	≥150	摊铺层内部
	复压温度	≥130	碾压层内部
	终压温度	≥100	碾压层内部
	开放交通温度	≤50	路表面

（3）OGFC 摊铺

1）由于排水降噪环保型沥青混合料粗集料多，应调整好摊铺机振捣和振动级数，以确保足够的初始密度和不振碎集料。

2）其余要求参见第 6.1.3 节第 2 条第（3）款的相关规定。

（4）压实及成型

1）初压必须紧跟摊铺机，尽快完成，要求初压必须有两台双钢轮压路机（10～12t）。

2）复压应紧随初压工序进行，压实路段不宜过长，以保证复压的温度。

3）压路机的行驶速度与压实遍数应根据摊铺机的摊铺速度和混合料压实控制温度通过试验段来确定，初压、复压和终压的压实速度参考表 6-13 规定。

排水降噪环保型沥青混合料压实控制表　　　　　　　　　　表 6-13

压实过程	压实机械选择	压路机速度（km/h）	碾压遍数
初压	110 型双钢轮静力压路机	1～2	2
复压	130 型双钢轮静力压路机	2～3	3～4
终压	110 型双钢轮静力压路机	1～2	2～3

4）排水降噪环保型沥青路面的碾压应遵循紧跟、少水、均速、慢压的原则。为保证压实度与孔隙率的双重要求，在碾压过程中要求压路机紧跟摊铺机以保证压实温度，先轻型后重型。压实时尽量不加振动，试铺后可以采用密度仪测量压实度，根据压实情况作适当调整。若压实度不能满足要求，则轻型压路机可适当加振。同时压实过程中，为防止大空隙表面的水易渗入路面以下引起混合料降温加快，粘轮的水量要调成雾状。

5）当上面层采用分段碾压时，分段不应明显，压路机每次往返时，不能停在同一断面附近。

6）在有超高的路段施工时，应先从低的一边开始碾压，逐步向高的一边碾压。

（5）封闭养护

见第 6.1.3 节第 2 条"（5）封闭养护"。

（6）开放交通

OGFC 路面应待摊铺路面层完全自然冷却，混合料表面温度低于 50℃后，方可开放交通。需要提早开放交通时，可采用洒水冷却方式降低混合料温度至 50℃以下。

3. 冬雨期施工

见第 6.1.3 节第 3 条"冬雨期施工"。

6.4.4 质量标准

1. 主控项目

（1）OGFC 路面压实度应符合表 6-14 的规定。

（2）OGFC 路面的厚度应符合设计要求和表 6-14 的规定。

（3）OGFC 路面的弯沉值应符合设计要求和表 6-14 的规定。

OGFC 路面主控项目允许偏差表   表 6-14

序号	项目	规定值或允许偏差		检验频率		检验方法
				范围	点数	
1	压实度	≥ 98%		200m 每车道	1	蜡封称重法
2	厚度	代表值	-4mm	200m 每车道	1	用钢尺量
		极值	-8mm			
3	弯沉值	符合设计要求		1000m 每车道	50	自动弯沉仪

注：1. 用蜡封法或表干法测得的现场 OGFC 密度与用马歇尔稳定度仪试验或 30MPa 压力成型法测得的标准密度相比较。

2. 本表中压实度采用马歇尔稳定仪击实成型标准。

3. 弯沉值单位：1/100mm。

4. 本表第 2、3 项也可采用自动检测设备进行检验。

2. 一般项目

（1）表面应平整、坚实，不得有脱落、掉渣、裂缝、推挤、烂边、粗细料集中油斑等现象。施工接缝应紧密、平顺，烫缝不应枯焦。

（2）面层与路缘石、平石及其他构筑物应接顺，不得污染其他构筑物，不得有积水现象。

（3）OGFC 路面质量允许偏差见表 6-15 的规定。

排水降噪环保型沥青路面质量验收标准   表 6-15

序号	检查项目	规定值或允许偏差	检查方法与频率
1	平整度	0.8mm	连续平整度仪
2	抗滑系数	≥ 46BPN	摆式仪：1 处 /200m 每车道
3	纵断高程	±10mm	水准仪：4 断面 /200m
4	宽度	±20mm	水准仪：4 处 /200m
5	横坡度	±0.3%	尺量：4 断面 /200m
6	空隙率	±1%	钻孔取样：1 处 /200m 每车道
7	连通空隙率	±1%	钻孔取样：1 处 /200m 每车道
8	透水系数	≥ 800mL/15s	透水仪：1 处 /200m 每车道

6.4.5 质量记录

见第 6.1.5 节"质量记录"。

6.4.6 安全与环保

见第 6.1.6 节"安全与环保"。

6.4.7 成品保护

见第 6.1.7 节"成品保护"。

6.5 水泥混凝土面层施工工艺

6.5.1 适用范围

本工艺适用于雄安新区园路铺装中就地浇筑的水泥混凝土路面面层、水泥混凝土基层或垫层。

6.5.2 施工准备

1. 材料要求

1)水泥混凝土宜使用商品混凝土,水泥、粗集料、细集料、外加剂、水、钢筋、钢纤维、传力杆(拉杆)、滑动套、胀缝板、填缝料等原材料符合规范要求。

2)混凝土配合比应保证混凝土的设计强度、耐磨、耐久和混凝土拌和物和易性的要求。在冰冻地区还应符合抗冻性要求。混凝土配合比设计符合规范或设计的要求。

2. 施工机具与设备

混凝土运输机具(混凝土运输车、翻斗车、手推车、洒水车等)、振捣机具(平板振动器、插入式振动器、振动梁等)、其他机具(地面磨光机、真空吸水装置、混凝土切割机等)。

3. 技术准备

1)当采用自拌混凝土时,应选择合适的拌和场地,要求运送混合料的运距尽量短,水、电等方便,有足够面积的场地,能合理布置拌和机以及砂、石堆放点，并能搭建水泥库房等。

2）有碍施工的建筑物、渠道和地下管线等，均应在施工前拆迁完毕。

3）混凝土摊铺前，对基层进行整修，检测基层的宽度、路拱、标高、平整度、强度和压实度等各项指标达到设计和规范要求，并经监理工程师同意后进行。混凝土摊铺前，基层表面应洒水润湿，以免混凝土底部水分被干燥基层吸去。

4. 作业条件

1）施工前应根据设计文件及施工条件，确定施工方案，编制施工组织设计。

2）施工前必须对混凝土路面原材料进行试验分析，并应提供混凝土配合比试验数据。

3）施工前根据设计文件，复测平面和高程控制桩，并据此定出路面中线、宽度、纵横高程等样桩。

4）放线过程中需预留找平层（结合层）、粘贴层、饰面层的厚度，使完成后的标高、尺寸与设计图相符。

6.5.3 操作工艺

1. 工艺流程

模板安装—钢筋设置—混凝土摊铺—接缝处理—抹面拉毛—养护—拆模。

2. 操作工艺

（1）模板安装

根据设计图纸放出路线中心线及路面边线；在路线两旁布设临时水准点，以便施工时就近对路面进行标高复核。在处理好的基层或做好的调平层上，清扫杂物及浮土，然后再支立模板，模板高度与路面高度相齐平。模板宜采用钢模板。模板的制作（见图6-2）与立模应符合下列规定：

1）模板应与混凝土的摊铺机械相匹配，模板的高度与混凝土板厚度一致；钢模板应直顺、平整，每米设置1处支撑装置。木模板应选用质地坚实、变形小且无腐朽、无扭曲、无裂纹的木料。木模板直

图 6-2　模板安装

线部分板厚不宜小于 5cm，每 0.8 ~ 1m 设 1 处支撑设置。弯道部分
板厚宜为 1.5 ~ 3cm，每 0.5 ~ 0.8m 设 1 处支撑装置，模板与混凝
土接触面及模板顶面应刨光。其高度应与混凝土板厚一致。模板内侧
面、顶面要刨光，拼缝紧密牢固，边角平整无缺；

　　2）模板制作允许偏差应符合表 6-16 的规定。

模板制作允许偏差　　　　　　　　　　　　　　　　　　　表 6-16

检测项目　　施工方式	三辊轴机组	轨道摊铺机	小型机具
高度（mm）	±1	±1	±2
局部变形（mm）	±2	±2	±3
两垂直边夹角（°）	90±2	90±1	90±3
顶面平整度（mm）	±1	±1	±2
侧面平整度（mm）	±2	±2	±3
纵向直顺度（mm）	±2	±1	±3

　　3）立模的平面位置与高程应符合设计要求。模板按预定位置安
放在基层上，两侧用铁钎打入基层以固定位置，模板顶面用水准仪核
查其标高，不符合时予以调整，施工时应经常校验，严格控制模板标
高和平面位置。模板接头紧密平顺，不得有离缝、前后错茬高低不平

等现象。模板接头和模板与基层接触处均不得漏浆。模板与混凝土接触的表面应涂隔离剂。

4）混凝土拌和物摊铺前，应对模板进行检验，合格后方可使用。模板安装质量应符合表 6-17 的规定。

模板安装允许偏差   表 6-17

| 检测项目　施工方式 | 允许偏差 | | | 检验频率 | | 检测项目 |
	三辊轴机组	轨道摊铺机	小型机具	范围	点数	
中线偏位	≤ 10mm	≤ 5mm	≤ 15mm	100m	2	用经纬仪、钢尺量
宽度	≤ 10mm	≤ 5mm	≤ 15mm	20m	1	用钢尺量
顶面高程	± 5mm	± 5mm	± 10mm	20m	1	用水准仪测量
横坡（%）	± 0.10%	± 0.10%	± 0.20%	20m	1	用钢尺量
相邻板高差	≤ 1mm	≤ 1mm	≤ 2mm	每缝	1	用水平尺、塞尺量
模板接缝宽度	≤ 3mm	≤ 2mm	≤ 3mm	每缝	1	用钢尺量
侧面垂直度	s3mm	52mm	≤ 4mm	20m	1	用水平尺、卡尺量
纵向顺直度	≤ 3mm	≤ 2mm	≤ 4mm	40m	1	用 20m 线盒钢尺量
顶面平整度	≤ 1.5mm	≤ 1mm	≤ 2mm	每两缝间	1	用 3m 直尺、塞尺量

（2）钢筋设置

钢筋混凝土板、钢筋网片的安放应符合下列规定：

1）不得踩踏钢筋网片。

2）安放单层钢筋网片时，应在底部先摊铺一层混凝土拌和物，摊铺高度应在钢筋网片设计位置预加一定的沉落度。待钢筋网片安放就位后，再继续浇筑混凝土。

3）安放双层钢筋网片时，对厚度不大于 25cm 的板，上下两层钢筋网片可事先用架立筋扎成骨架后一次安放就位。厚度大于 25cm 的，上下两层钢筋网片应分两次安放。安放角隅钢筋时，应先在安放

图 6-3　钢筋绑扎

钢筋的角隅处摊铺一层混凝土拌和物。摊铺高度应比钢筋设计位置预加一定的沉落度。角隅钢筋就位后，用混凝土拌和物压住。安放边缘钢筋时，应先沿边缘铺筑一条混凝土拌和物，拍实至钢筋设置高度，然后安放边缘钢筋，在两端弯起处，用混凝土拌和物压住。

4）钢筋混凝土基础受力筋采用 I 级或 II 级钢筋。钢筋直径应 ≥ Φ8，间距 100mm ≤ @ ≤ 200mm。当基础底板为构造配筋时，一般采用 Φ8 ~ Φ12，间距为 200mm。设计有配筋时，按设计配筋（见图 6-3）。

5）钢筋加工允许偏差应符合表 6-18 的规定。

6）钢筋安装允许偏差应符合表 6-19 的规定。

钢筋加工允许偏差　　　　　　　　　　　　　　　　　　　　　　　　　　　表 6-18

项目	焊接钢筋网及骨架	绑扎钢筋网及骨架	检验频率		检验方法
			范围	点数	
钢筋网的长度与宽度	允许偏差（mm）	允许偏差（mm）			用钢尺量
钢筋网眼尺寸	±10	±10			用钢尺量
钢筋骨架宽度与高度	±10	±20	每检验批	抽查 10%	用钢尺量
钢筋骨架的长度	±5	±5			用钢尺量

钢筋安装允许偏差 表 6-19

项目		允许偏差（mm）	检验频率		检验方法
			范围	点数	
受力钢筋	排距	±5			用钢尺量
	间距	±10			
钢筋弯起点位置		20			用钢尺量
箍筋、横向钢筋间距	绑扎钢筋网及钢筋骨架	±20	每检验批	抽查 10%	用钢尺量
	焊接钢筋网及钢筋骨架	±10			
钢筋预埋位置	中心线位置	±5			用钢尺量
	水平高差	±3			
钢筋保护层	距表面	±3			用钢尺量
	距底面	±5			

7）混凝土抗压强度达到 8.0MPa 及以上方可拆模。当缺乏强度实测数据时，侧模允许最早拆模时间宜符合表 6-20 的规定。

混凝土侧模的允许最早拆模时间（单位：h） 表 6-20

昼夜平均气温	-5℃	0℃	5℃	10℃	15℃	20℃	25℃	≥ 30℃
硅酸盐水泥、R 型水泥	240	120	60	36	34	28	24	18
道路、普通硅酸盐水泥	360	168	72	48	36	30	24	18
矿渣硅酸盐水泥			120	60	50	45	36	24

注：允许最早拆侧模时间从混凝土面板经整成形后开始计算。

（3）混凝土摊铺

1）利用人工小型机具施工水泥混凝土路面层，应符合下列规定：

①混凝土松铺系数宜控制在 1.10 ～ 1.25。

②摊铺厚度达到混凝土板厚度的 2/3 时，应拔出模内钢钎，并填实钎洞。

③混凝土面层分两次摊铺时，上层混凝土的摊铺应再次下层混凝土初凝前完成，且下层厚度宜为总厚度的 3/5。

④混凝土摊铺应与钢筋网、传力杆及边缘角隅钢筋的安放相配合。

⑤一块混凝土板应一次连续浇筑完毕。

⑥混凝土采用插入式振捣器振捣时，不应过振，且振动时间不宜少于 30s，移动间距不宜大于 50cm。使用平板振捣器振捣时应重叠 10 ~ 20cm，振捣器行进速度应均匀一致。

⑦真空脱水作业应符合下列要求：真空脱水应在面层混凝土振捣后、抹面前进行。开机后应逐渐升高真空度，当达到要求的真空度，开始正常出水后，真空度应保持稳定，最大真空度不宜超过 0.085MPa，待达到规定脱水时间和脱水量时，应逐渐减小真空度。真空系统安装与吸水垫放置位置，应便于混凝土摊铺与面层脱水，不得出现未经吸水的脱空部位。混凝土试件，应与吸水作业同条件制作、同条件养护。真空吸水作业后，应重新压实整平，并拉毛、压痕或刻痕。

⑧成活应符合下列要求：现场应采取防风、防晒等措施；抹面拉毛等应在跳板上进行，抹面时严禁在板面上洒水、撒水泥粉。采用机械抹面时，真空吸水完成后即可进行。先用带有浮动圆盘的重型抹面机粗抹，再用带有振动圆盘的轻型抹面机或人工细抹一遍。混凝土抹面不宜少于 4 次，先找平抹平，待混凝土表面无泌水时再抹面，并依据水泥品种与气温控制抹面间隔时间（见图 6-4 及图 6-5）。

2）三辊轴机组铺筑应符合下列规定：

①三辊轴机组铺筑混凝土面层时，辊轴直径应与摊铺层厚度匹

图 6-4　混凝土摊铺

图 6-5　透水混凝土料摊铺

配，且必须同时配备一台安装插入式振捣器组的排式振捣机，振捣器的直径宜为 50 ~ 100mm，间距不应大于其有效作用半径的 1.5 倍，且不得大于 50cm。

②当面层铺装厚度小于 15cm 时，可采用振捣梁。其振捣频率宜为 50 ~ 100Hz，振捣加速度宜为 4 ~ 5g（g 为重力加速度）。

③当一次摊铺双车道面层时，应配备纵缝拉杆插入机，并配有插入深度控制和拉杆间距调整装置。

④铺筑作业应符合下列要求：卸料应均匀，布料应与摊铺速度相适应。

设有接缝拉杆的混凝土面层，应在面层施工中及时安设拉杆。三辊轴整平机分段整平的作业单元长度宜为 20 ~ 30m，振捣机振实与三辊轴整平工序之间的时间间隔不宜超过 15min。在一个作业单元长度内，应采用前进振动、后退静滚方式作业，最佳滚压遍数应经过试铺确定。

3）采用轨道摊铺机铺筑时，最小摊铺宽度不宜小于 3.75m，并应符合下列规定：

①应根据设计车道按表 6-21 所列技术参数选择摊铺机。

轨道摊铺机基本技术参数表　　　　　　　　　　　　　　　　　　　　表 6-21

项目	发动机功率	最大摊铺宽度（m）	摊铺厚度（m）	摊铺速度（m/min）	整机质量（t）
三车道轨道摊铺机	（kW）	11.75 ~ 18.3	250 ~ 600	1 ~ 3	13 ~ 38
双车道轨道摊铺机	33 ~ 45	7.5 ~ 9.0	250 ~ 600	1 ~ 3	7 ~ 13
单车道轨道摊铺机	15 ~ 33	3.5 ~ 4.5	250 ~ 450	1 ~ 4	≤ 7

②坍落度宜控制在 20 ~ 40mm。不同坍落度时的松铺系数 K 可参考表 6-22 确定，并按此计算出松铺高度。

松铺系数 K 与坍落度 S_L 的关系　　　　　　　　　　　　　　　　　表 6-22

坍落度 S_L（mm）	5	10	20	30	40	50	60
松铺系数 K	1.30	1.25	1.22	1.19	1.17	1.15	1.12

③当施工钢筋混凝土面层时，宜选用两台箱型轨道摊铺机分两层两次布料。下层混凝土的布料长度应根据钢筋网片长度和混凝土凝结时间确定，且不宜超过 20m。

④轨道摊铺机振实作业应符合下列要求：轨道摊铺机应配备振捣器组，当面板厚度超过150mm、坍落度小于30mm时，必须插入振捣。

轨道摊铺机应配备振动梁或振动板对混凝土表面进行振捣和修整。使用振动板振动提浆饰面时，提浆厚度宜控制在 4±1mm。面层表面整平时，应及时清除余料，用抹平板完成表面修整。

（4）接缝处理

1）胀缝施工，应符合下列规定：

①胀缝应与路面中心线垂直，缝壁必须垂直，缝隙宽度必须一致；缝中不得连浆。缝隙上部应浇灌填缝料，下部应设置胀缝板。

②在设置了传力杆的胀缝活动端，可设在缝的一边或交错布置，固定后的传力杆必须平行于板面及路面中心线，其误差不得大于5mm。传力杆的固定，可采用顶头模板固定或支架固定安装的方法。

2）缩缝的施工，应采用切缝法。当受条件限制时，可采用压缝法。

①切缝施工，当混凝土强度达到设计强度的 25% ~ 30% 时，应采用切缝机进行切割。切缝用水冷却时，应防止切缝水渗入基层和土基。

②压缝法施工，当混凝土拌和物成活后，立即用振动压缝刀压缝。当压至规定深度时，应提出压缝刀，用原浆修平缝槽，严禁另外调浆。然后放入铁制或木制嵌条，再次修平缝槽，待混凝土拌和物初凝前泌水后，取出嵌条，形成缝槽。

3）施工缝的位置应与缩缝设计位置吻合。施工缝应与路面中心线垂直；施工缝传力杆长度的一半锚固于混凝土中，另一半应涂沥青，允许滑动。传力杆必须与缝壁垂直。

4）纵缝施工方法，应按纵缝设计要求确定，且应符合下列规定：

①平缝纵缝，对已浇混凝土板的缝隙应涂刷沥青，并应避免涂在拉杆上。浇筑邻板时，缝的上部应压成规定深度的缝槽。

②企口缝纵缝，宜先浇筑混凝土板凹槽的一边；缝壁应涂刷沥青。浇筑邻板时应靠缝壁浇筑。

③整幅浇筑纵缝的切缝或压缝，应符合前面缩缝的施工方法。

纵缝设置拉杆时，拉杆应采用螺纹钢筋，并应设置在板厚中间。设置拉杆的纵缝模板应预先根据拉杆的设计位置放样打眼。

5）混凝土板养护期满后，缝槽应及时填缝，在填缝前必须保持缝内清洁，防止砂石等杂物掉入。

6）填缝采用灌入式填缝的施工，应符合下列规定：

①灌注填缝料必须在缝槽干燥状态下进行，填缝料应与混凝土缝壁粘附紧密，不渗水。

②填缝料的灌注深度宜为 3 ~ 4cm。当缝槽大于 3 ~ 4cm 时，可填入多孔柔性衬底材料。填缝料的灌注高度，夏天宜与板面平；冬天稍低于板面。

③热灌填缝料加热时，应不断搅拌均匀，直至达到规定温度。当气温较低时，应用喷灯加热缝壁。施工完毕，应仔细检查填缝料与缝壁粘结情况，有开脱处，应用喷灯小火烘烤，使其粘结紧密。

7）填缝采用预制嵌缝条的施工，应符合下列规定：

①预制胀缝板嵌入前，缝壁应干燥，并清除缝内杂物，使嵌缝条与缝壁紧密结合。

②缩缝、纵缝、施工缝的预制嵌条缝，可在缝槽形成时嵌入。嵌缝条应顺直整齐。

8）混凝土初凝（2 ~ 4h）并切完伸缩缝后，用水枪冲洗干净，表面游离 3 ~ 4mm 水。

（5）抹面拉毛

1）吸水工艺布设条件及施工要点：

①混凝土面层作业中，经行夯充分振捣，找夯、找细、找平，混凝土表面初步整平（第一遍抹子之前）略具硬挺程度时即可布设。从浇筑起始块开始逐块循序进行（见图 6-6）。

②按混凝土面层成活块大小，布置气垫薄膜，真空泵应在混凝土板块外、有利排水、不妨碍其他作业处放置。

③铺放尼龙滤布，上放盖垫，并向混凝土板两边摊开，盖垫四周应伸出尼龙滤布 10cm。

④确保吸垫紧密贴合在混凝土表面，真空表读数应为

图 6-6　混凝土机械
振捣抹面

400～680mm 汞柱。

　　⑤真空吸水处理时间与混凝土板厚度有关，一般是每厘米厚度用1min 左右，15cm 厚约需 20min，22cm 厚约需 30min，但不允许在出水量很少的情况下长时间运输，否则水温上升，水温越高，真空度下降越多，吸水能力越低。真空作业的混凝土板厚不宜超过 30cm。

　　⑥水达到预定的时间后，掀起盖垫的两个短边，露出尼龙布2cm，继续抽出真空并逐渐减弱保持一个短的时间，以除去残留水分。

　　⑦经吸水后，混凝土表面进一步变硬，可立即抹面找平找细，靠近模板及接缝处由人工抹面刷毛或滚花。养护时应立即覆盖。

　　2）抹面，拉毛：

　　①水泥混凝土路面抹面及拉毛操作的好坏，可直接影响到平整度、粗糙度和抗磨性能，混凝土终凝前必须收水抹面。抹面前，先清边整缝，清除粘浆，修饰掉边、缺角。抹面一般用小型电动磨面机，先装上圆盘进行粗光，再装上细抹叶片精光。操作时来回抹平，操作人员来回抹面重叠一部分，初步抹面需在混凝土整平 10min 后进行，冬期施工还应延长时间。抹面机抹平后，有时再用拖光带横向轻轻拖拉几次。抹面后，当用食指稍微加压按下能出现 2mm 左右深度的凹痕时，即为最佳拉毛时间，拉毛深度 1～2mm。

　　②拉毛时，拉纹器靠住模板，顺横坡方向进行，一次进行，中途不得停留，这样拉毛纹理顺畅美观且形成沟通的沟槽而利于排水（见图 6-7）。

图 6-7　混凝土人工抹面拉毛

图 6-8　混凝土覆盖养生

（6）养护

当混凝土表面有相当硬度时，一般用手指轻压无痕迹，可铺设养护膜，相邻膜搭接宽度始终保持在 50mm 以上。也可用湿草垫或湿麻袋覆盖，洒水养护时应注意水不能直接浇在混凝土表面上，当遇到大雨或大风时，要及时覆盖润湿草垫。每天用洒水车勤洒水养护，保持草垫或麻袋湿润。加入减水剂的混凝土强度 5d 可达 80% 以上，此时可撤掉草垫或湿麻袋，放行通车后，仍需洒水养护 2 ~ 3d。混凝土在养护期间和填缝前，应禁止车辆通行，在混凝土强度未达到 1.2MPa 之前，严禁上人作业。在面层混凝土弯拉强度达到设计强度，且填缝完成前不得开放交通（见图 6-8）。

（7）拆模

拆模时先取下模板支撑、铁钎等，然后用扁头铁撬棍棒插入模板与混凝土之间，慢慢向外撬动，切勿损伤混凝土板边，拆下的模板应及时清理保养并放平堆好，防止变形，以便转移他处使用。

3. 冬雨期施工

（1）冬期施工

尽可能在气温高于 5℃ 时进行施工，并且掺加早强剂。气温低于 5℃ 时非施工不可时，可采用高强度等级快凝水泥，或采取加热水、在混凝土表面覆盖蓄热保温材料等措施。混凝土板在抗折强度尚未达到 1.0MPa 或抗压强度未达到 5.0MPa 时，不得遭受冰冻。混凝土板浇筑时，基层应无冰冻积雪，模板及钢筋有冰雪应铲除。冬季养护时间不少于 28d，允许拆模时间也应适当延长。

（2）雨期施工

雨期施工时为防止水分过早的蒸发，一般应采取以下措施：根据运距、气温、日照的大小决定，一般在 30℃ 气温下，要保持气温 20℃ 的坍落度，要增加单位用水量 4 ~ 7kg。摊铺、振捣、收水抹面与养护各道工序应衔接紧凑，尽可能缩短施工时间。在已摊铺好的路面上，应尽量搭设凉棚，避免表面烈日暴晒。在收水抹面时，因表面过分干燥而无法操作的情况下允许表面洒少量水于进行收抹面。

6.5.4 质量标准
1. 主控项目

（1）原材料质量应符合下列要求：

1）水泥品种、级别、质量、包装、贮存，应符合现行有关标准的规定。

检查数量：按同一生产厂家、同一级别、同一品种、同一批号且连续进场的水泥，袋装水泥不超过 200t 为一批，散装水泥不超过 500t 为一批，每批抽样 1 次。

水泥出厂超过 3 个月（快硬硅酸盐水泥超过 1 个月）时，应进行复验，复验合格后方可使用。

检验方法：检查产品合格证、出厂检验报告，进场复验。

2）混凝土中掺加外加剂的质量应符合现行国家标准《混凝土外加剂》GB 8076 和《混凝土外加剂应用技术规范》GB 50119 的规定。

检查数量：按进场批次好产品抽样检验方法确定。每批不少于 1 次。

检验方法：检查产品合格证、出厂检验报告和进场复验报告。

3）钢筋品种、规格、数量、下料尺寸及质量应符合设计要求及现行有关标准的规定。

检查数量：全数检查。

检验方法：观察，用钢尺量，检查出厂检验报告和进场复验报告。

4）钢纤维的规格质量应符合设计要求及有关规范的规定。

检查数量：按进场批次，每批抽检 1 次。

检验方法：现场取样、试验。

5）粗集料、细集料应符合有关规范要求。

检查数量：同产地、同品种、同规格且连续进场的集料，每400m² 按一批次计，每批抽检 1 次。

检验方法：检查出厂合格证和抽检报告。

6）水应符合现行行业标准《混凝土用水标准》JGJ 63 的规定。宜使用饮用水及不含油类等杂质的清洁中性水，pH 宜为 6 ～ 8。

检查数量：同水源检查 1 次。

检验方法：检查水质分析报告。

（2）混凝土面层质量应符合设计要求。

1）混凝土弯拉强度应符合设计规定。

检查数量：每100m² 的同配合比的混凝土，取样 1 次；不足 100m² 时按 1 次计。每次取样应至少保留 1 组标准养护试件。同条件养护试件的留置组数应根据实际需要确定，最少 1 组。

检验方法：检查试件强度试验报告。

2）混凝土面层厚度应符合设计规定，允许误差为 ±5mm。

检查数量：每1000m² 抽测 1 次。

检验方法：查试验报告、复测。

3）抗滑构造深度应符合设计要求。

检查数量：每1000m² 抽测 1 点。

检验方法：铺砂法。

2. 一般项目

（1）水泥混凝土面层应板面平整、密实，边角应整齐、无裂缝，并不应有石子外露和浮浆、脱皮、踏痕、积水等现象，蜂窝麻面面积不得大于总面积的 0.5%。

检查数量：全数检查。

检验方法：观察、量测。

（2）伸缩缝应垂直、直顺，缝内不应有杂物。伸缩缝在规定的深度和宽度范围内应全部贯通，传力杆应与缝面垂直。

检查数量：全数检查。

检验方法：观察。

（3）混凝土路面允许偏差应符合表 6-23 的规定。

混凝土路面允许偏差 表 6-23

项目		允许偏差或规定值		检验频率		检验方法
		车行园路铺装	非车行园路铺装	范围	点数	
纵断高程		±15mm		20m	1	用水准仪测量
中线偏位		≤ 20mm		100m	1	用经纬仪测量
平整度	标准偏差 a	≤ 1.2mm	2mm	100m	1	用测平仪检测
	最大间隙	≤ 3mm	≤ 5mm	20m	1	用 3m 直尺和塞尺连续量两尺，取最大值
宽度		0mm -20mm		40m	1	用钢尺量
横坡		±0.30% 且不反坡		20m	1	用水准仪测量
井框与路面高差		≤ 3mm		每座	1	十字法，用直尺和塞尺
相邻板高差		≤ 3mm		20m	1	量，取最大值
纵缝直顺度		≤ 10mm		100m	1	用钢板尺和塞尺量
横缝直顺度		≤ 10mm		40m	1	用 20m 线和钢尺量
蜂窝麻面面积		≤ 2%		20m	1	观察和用钢板尺量

6.5.5 质量记录

1. 基层验收质量检验评定记录。

2. 基层隐蔽验收记录。

3. 钢筋及焊条、水泥、砂、石、外加剂、掺和料等材料的产品合格证和试验报告。

4. 混凝土配合比申请单及试验报告或商品混凝土的合格证。

5. 混凝土试件抗压（折）强度试验报告。

6. 模板验收预检记录。

7. 钢筋、传力杆等隐蔽验收记录。

8. 钢筋加工安装质量评定记录。

9. 混凝土浇筑记录。

10. 水泥面层质量评定记录。

6.5.6 安全与环保

1. 机械施工注意操作规程，对机械性能及使用方法应有详细的安全交底和技能培训。特种机械的使用必须有资质的机械手方能操作。

2. 现场的车辆运输应事先划定路线，避免人员和机械交叉施工。

3. 施工现场严格执行三相五线制，配电系统实行三级配电两级漏电保护，严格电工值班制度。

4.混凝土使用前根据模板尺寸和深度精确计算使用量，避免定量多造成浪费。

5.运输车辆的进出场必须对车轮进行清理。

6.养护时可采用锯末、无纺布等聚水，避免长流水。

7.临近居民区施工作业时，采取低噪声振捣棒，降低噪声污染。

6.5.7 成品保护

1.养护期间，进行封闭、断绝交通，不得上人和施工机械。

2.养护时间必须大于规定时间。或者达到混凝土设计强度的75%，养护时间大于7d后方可恢复交通。

3.切缝、灌缝等工艺应立即进行，避免缝被杂物填实或污染。

6.6 园路铺装板材、片材贴面面层施工工艺

6.6.1 适用范围

本工艺适用于雄安新区园路铺装中各种材质的花岗岩、大理石、青石板、片岩板材、陶土类材料、人造石、薄烧结砖等规则及碎拼地面面层的施工。

6.6.2 施工准备

1.材料及主要机具

（1）板材、片材的品种、规格应符合设计要求。强度不宜小于30MPa，用于车行路的石板厚度宜为50mm以上，用于人行道及庭院的石板厚度宜为30mm以上。

（2）水泥：硅酸盐水泥、普通硅酸盐水泥或矿渣硅酸盐水泥：强度等级不低于32.5级。白水泥：白色硅酸盐水泥，强度等级不低于32.5级。

（3）砂：中砂或粗砂，其含泥量不应大于3%。

（4）矿物颜料（擦缝及彩色水泥砂浆抹面用）、草酸。

（5）主要机具：砂浆搅拌机、台式（手提）云石机、角磨机、手推车、铁锹、靠尺、浆壶、水桶、喷壶、铁抹子、木抹子、墨斗、钢卷尺、尼龙线、橡皮锤（或木槌）、铁水平尺、弯角方尺、钢錾子、笤帚、钢丝刷等。

2. 作业条件

（1）板材、片材进场后，应上表面相对侧立码放，背面垫松木条，并在板下加垫木方。拆箱后详细核对品种、规格、数量等是否符合设计要求，有裂纹、缺棱、掉角、翘曲和表面有缺陷时，应予剔除。铺装前要浇水浸湿。

（2）搭设好加工棚，安装好台式云石机，并接通水、电。

（3）地面基层、垫层、预埋在垫层内的管线均已完成。

（4）边线、标高已测设在控制桩上。

（5）有图案要求的，施工操作前应画出铺设地面的施工大样图。

（6）冬期施工时操作温度不得低于5℃。

6.6.3 操作工艺

1. 工艺流程

找标高、拉线—基层清理—安装道牙—冲筋—铺砌石板—补边—灌缝、擦缝。

2. 操作工艺

（1）找标高、拉线：根据设计要求，测量出面层的水平线，标记在木桩上，木桩间距不宜大于10m（见图6-9）。

（2）基层清理：将基层上的树叶、土块等杂物清扫干净。

（3）安装道牙：测量出路面宽度，在道路两侧根据已拉好的水平标高线，进行道牙（路缘石）安装。先挖槽量好底标高，再进行埋设，上口找平、找直，灌缝后两侧用1：3的水泥砂浆掩实（见图6-10）。

（4）冲筋：根据场地面积大小可分段（用于道路）、分块（用于广场）铺砌，道路冲筋可在每段的两端头各铺一排板，以此作为标准进行铺砌；广场冲筋可在每块场地中横纵各铺一排板，以此作为标准进行铺砌（见图6-11、图6-12）。排砖时应注意尽量减少半块（破活），并将半块（破活）均匀地排在道路、广场的两侧或边缘。碎拼石板要先在碎石板的外边线冲筋，由外向内铺板。

图 6-9　板材安装施工放线

图 6-10　道牙安装

图 6-11　冲筋

图 6-12　不规则碎拼铺装的冲筋

（5）铺砌板材

1）铺砌前将垫层清理干净后，先铺一层砂浆结合层（厚度、配合比按设计要求，一般采用 1 : 3 的干硬性水泥砂浆，干硬程度以"手捏成团、落地即散"为宜），厚度控制在放上板块时宜高出面层水平线 3 ~ 4mm。铺好后用大杠刮平，再用抹子拍实找平（铺摊面积不得过大）。将板块对好纵横控制线铺在已铺好的干硬性砂浆结合层上，用橡皮锤敲击、振实砂浆至铺设高度后将板块掀起，检查砂浆表面与砖之间是否相吻合，如发现有空虚之处，应用砂浆填补，然后才能正式镶铺。先在水泥砂浆结合层上满浇一层水灰比为 0.5 的素水泥浆（用浆壶浇均匀），然后将砖铺在砂浆上，并用橡皮锤敲击、振实。铺砖应随铺浆随砌，板块铺上时略高于面层水平线，然后用橡皮锤将板块敲实，使面层与水平线相平。板块缝隙应符合设计要求，并及时拉线检查缝格平直度，用 2m 靠尺检查面层铺砌的平整度。由于碎拼石板外形不规则，每块石板都要经过试拼、画线、切割，保证板缝均匀一致，达到设计要求后，才能正式镶铺（见图 6-13、图 6-14）。

2）冰裂纹板岩铺装（见图 6-15 ~ 图 6-17）：

①此材料不宜大面积在车行道路上使用。

②板岩密缝拼贴，要求板间隙 1 ~ 2mm。

③板岩乱拼时禁止机器切割，应使用自然毛边；拼铺禁止出现平行纹、直角纹及内角，避免出现四条以上边缝汇集一个交点。

④板岩乱拼时，板间隙控制在 15 ~ 20mm 之间，原色水泥勾缝，勾缝面低于板面 1 ~ 1.5mm，板材短边 ≥ 200mm。

图 6-13　规整石板铺砌

图 6-14　缝宽控制

图 6-15　整齐切边花岗岩碎拼现场预拼

图 6-16　整齐切边碎片石板铺砌

图 6-17　不规则碎拼石板铺筑

⑤无收边铺装时，要求边缘轮廓整齐，缝隙自然。

⑥宽缝在 8mm 以上时，应采用勾缝。若纵横缝为干挤缝，或小于 3mm 者，应用 1：10 干砂和水泥，拌和均匀，将砖缝灌注饱满，后用海绵蘸水擦缝。

（6）补边：在大面积铺砌完成后，对道路（广场）两侧与道牙之间的缝隙进行补边，首先根据补砖的形状在石板上画线，然后用云石机仔细切割，保证嵌入缝隙后四边严丝合缝；井盖周围的石板应尽量用角磨机将石板边缘打磨成弧形，按井圈的弧度拼装（见图 6-18）。

（7）灌缝、擦缝：在板块铺砌后 1 ～ 2d 进行灌浆擦缝。根据石板颜色，

图 6-18 补边施工

图 6-19 粗砂灌缝

图 6-20 扫缝

选择相同颜色的矿物颜料和水泥（或白水泥）拌和均匀，调成 1：1 的稀水泥浆，用浆壶徐徐灌入板块之间的缝隙中（可分几次进行），并用长把刮板把流出的水泥浆刮向缝隙内，至基本灌满为止。灌浆 1～2h 后，用棉纱团蘸原稀水泥浆擦缝，与板面擦平，同时将板面上的水泥浆擦净，使石板面层的表面洁净、平整、坚实。碎拼石板通常缝隙较宽，约 10～20mm，勾缝时应使用溜子将配合比为 1：1 的水泥砂浆送入缝中，使溜子在缝中前后移动，将缝内的砂浆压实，且注意用力均匀，使灰缝的深浅一致。如设计无要求时，一般勾凹缝，深度为 4～5mm（见图 6-19、图 6-20）。

以上工序完成后，面层加以覆盖保护。浇水养护时间不少于 7d，待结合层达到强度后，将面层清理干净，方可上人行走。

3. 冬期施工

冬期施工时应编制专项施工方案，采取有效的防冻、保温措施，确保铺装质量。

6.6.4 质量标准

1. 主控项目

（1）面层所用板块品种、规格、级别、形状、光洁度、颜色和图案必须符合设计要求。

（2）面层与基层必须结合牢固，无空鼓。

2. 一般项目

（1）石板面层的外观质量应满足设计要求和使用要求。表面平整洁净，图案清晰，无磨划痕，周边顺直方正。无裂纹、掉角、缺棱现象。

（2）碎拼青石板（大理石）面层应颜色协调，间隙适宜美观，无裂缝和磨纹，表面平整光洁。冰裂纹材料单元块应为多边形（至少五边），铺装临边无尖锐夹角，板材短边 ≥ 150mm。

1）石板面层表面坡度应符合设计要求，不倒泛水，无积水。

2）小规格单元材料，铺设前应进行单元块切割、试拼。大规格板料，应进行笔画分块，然后切割外轮廓。

3）边界缝宽均匀，面层行列直线度（5m 长度内）允许偏差不大于3mm。

4）铺装缝隙为"Y"字形三叉缝，避免直通缝，内角缝。

5）冰裂纹铺装边界保留等宽缝隙，确保以整板直线密封撞边。

6）曲弧面线条曲顺流畅，表面平整整洁，缝隙等宽均匀，单元块大小分布均匀，无裂缝、缺角，无空鼓、无局部凹陷。

7）缝宽误差不大于 0.3mm；平整度误差不大于 4mm。

8）"走水"明显，杜绝排水隐患。

9）碎拼缝隙草生长良好，与碎拼石材融为一体。

10）路面接口与草坪连接顺畅，无凹陷，无凸出。

11）路面接口自然平整，侧面边缘收口整齐，干净。

（3）装饰做法

1）收边收口标准：

①碎拼缝隙草生长良好，与碎拼石材融为一体。

②路面接口与草坪连接顺畅，无凹陷，无凸出。

③路面接口自然平整，侧面边缘收口整齐，干净。

2）勾缝。根据缝宽要求（基本缝宽为 3 ~ 5mm），用开缝磨机进行现场打磨，直至宽度符合缝宽要求。在实际施工时，先用专用勾缝剂进行扫缝，后用专用工具进行压缝，每条缝都要沿来回方向压两遍，以保证缝端头位置为直角而不是圆弧。

（4）石板面层允许偏差项目见表 6-24。检查数量：每 200m² 检查 3 处，不足 200m² 的，检查数量不少于 1 处。

石板面层的允许偏差 表 6-24

项次	项目	允许偏差（mm）		检验方法
		块石	碎拼	
1	表面平整度	1	3	用 2m 靠尺和楔形塞尺检查
2	缝格平直	1	—	拉 5m 线，不足 5m 拉通线和尺量检查
3	接缝高低差	1	1	用钢尺和楔形塞尺检查
4	板块间隙宽度	1	—	用钢尺检查

6.6.5 成品保护

1. 运输板块和水泥砂浆时，应采取措施防止碰撞已做完的道牙、地面等。

2. 铺砌板块过程中，操作人员应做到随铺随用干布擦净石板面上的水泥浆痕迹。

3. 不得在已铺好的路面上拌和混凝土或砂浆。

4. 地面完工后，应封闭交通并在其表面加以覆盖保护。

6.6.6 应注意的质量问题

1. 板块空鼓：由于垫层清理不净或浇水湿润不够，干硬性水泥砂浆任意加水，石板面有浮土或未浸水湿润等因素，都易引起空鼓。因此，必须严格遵守操作工艺要求，基层必须清理干净，结合层砂浆不得加水，随铺随刷一层水泥浆，大理石板块在铺砌前必须浸水湿润。

2. 板块松动：主要原因是过早上车或上人，造成结合层与石板粘结不牢。应切实做好成品保护工作，结合层砂浆强度达不到1.2MPa，不得开放交通。

3. 接缝高低不平、缝子宽窄不匀：主要原因是板块本身有厚薄及宽窄不匀、窜角、翘曲等缺陷，铺砌时未严格拉通线进行控制等，均易产生接缝高低不平、缝子不匀等缺陷。所以，应预先严格挑选板块，凡是翘曲、拱背、宽窄不方正等块材剔除不予使用。铺设标准块后，应向两侧和后退方向顺序铺设。并随时用水平尺和直尺找准，缝子必须拉通线，不能有偏差。现场的标高线要有专人负责检查。

6.6.7 质量记录

1. 板块出厂合格证及检测报告。
2. 水泥的出厂合格证及复试记录单。
3. 分项工程质量验收记录。

6.7 木材地面施工工艺

6.7.1 适用范围

本工艺适用于雄安新区园路铺装中安装于水泥混凝土基层之上的防腐木及塑木等各种仿木板材料的栈道、平台的施工。

6.7.2 施工准备

1. 材料及主要机具

（1）长条木地板的木材品种、规格应符合设计要求。原木常用红松、云杉或耐磨、不易腐朽、不易开裂的木材；成品地板多采用防腐木、炭化木、巴劳木或木塑复合板材，侧面平口或企口，顶面刨平或刻槽。

（2）木地板面下木龙骨和垫木均要作防腐处理，其品种、规格应符合设计要求。如果使用型钢作为龙骨，应做好型钢的防锈处理或采用镀锌型钢。

（3）其他材料：CCA、ACQ 或其他防腐材料，不锈钢连接件或镀锌角钢，膨胀螺栓，镀锌螺栓、钉子等。

（4）主要机具：电锤、电锯、电刨、手枪钻、斧子、锤子、凿子、改锥、方尺、钢尺、墨斗、手锯、手刨等。

2. 作业条件

（1）施工现场的各种地下管道，如污水、雨水、电缆、煤气等均施工完，并经检查验收。

（2）木栈道或木平台已抄平放线，位置、标高、尺寸已按设计要求确定好。

（3）混凝土基层符合设计要求，且清扫干净并已经进行质量检查验收。

（4）各种木工加工设备已就位。

（5）木龙骨、垫木、木楔子、木砖等均预先满涂木材防腐材料。

（6）型钢已做好防锈处理。

6.7.3 操作工艺

1. 工艺流程

抄平放线—安装木龙骨—铺木地板—盘头封边—堵螺栓孔。

2. 操作工艺

（1）抄平放线：根据设计要求，将标高控制线测量到木桩上，木桩间距不宜超过 5m；将木龙骨中心线用墨线弹在基层上；并将膨胀螺栓的位置依次标出。

（2）安装龙骨：首先安装膨胀螺栓，然后在基层上沿墨线摆放木龙骨，检查基层排水方向，并在龙骨的下半部分刻出流水槽；当顶面不平时，可用垫木或木楔垫在龙骨底下，根据设计标高拉线找平后，将其钉牢在龙骨上，为防止龙骨活动，应在固定好的龙骨表面临时钉设木拉条；最后，用连接件将龙骨固定在基层上。

型钢龙骨安装前需打孔，龙骨与地面之间用不锈钢连接件或镀锌角钢固定，龙骨与龙骨之间的距离一般为 30 ~ 40cm，便于地板铺装。龙骨长度方向需要和地板长度方向垂直，平行的两相邻龙骨之间的中心距原则上不大于 30cm；当龙骨长度方向与地板长度方向不垂直时，两相邻龙骨之间的中心距原则上不能大于 25cm；同一根龙骨上相邻两个固定点之间的距离原则上不大于 50cm，最外侧的螺钉距离临近的龙骨长度端面 3 ～ 10cm；在地板纵向接缝处的两侧，如果选用的龙骨过窄，建议平行铺设两根龙骨；使用木龙骨时，单根龙骨长度不长于 2.5m，沿长度方向的两根龙骨之间预留 4 ～ 8mm 伸缩缝（见图 6-21 ～图 6-23）。

（3）铺木地板：一般木塑复合地板采用连接件安装，施工比较简便，只需按照厂家的说明安装即可。使用卡件（T 形卡件和燕尾卡件）安装时，需要先将卡件固定到龙骨上，确保卡件与地板底边紧密贴合，螺钉暂不旋到底，将第二块地板放好后，再将刚才的螺钉紧固到位，然后依次固定其他地板。为了防止地板的纵向滑移，可以在地板长度方向的中间位置固定一个牙形卡件，或钻引孔后固定一颗螺丝。

防腐木、炭化木、巴劳木地板则需在地板上钻孔，用自攻螺钉将地板安装在龙骨上：首先根据设计要求的板缝宽度（一般 5 ～ 10mm）排板，然后从一端开始逐块安装，螺母应凹进木地板表面 5mm。当沿单根地板长度方向长度较长，需要两根以上地板纵向前后相接时，单根地板的长度建议不大于 2.5m，在纵向相接处，预留 5 ～ 8mm 伸缩缝（见图 6-24）。

（4）盘头封边：所有木地板固定完毕后，在木地板边缘弹线，锯掉长出

图 6-21　安装龙骨 -1

图 6-22　安装龙骨 -2

图 6-23　安装龙骨 -3

图 6-24　安装木地板

的部分，然后按设计要求安装封边板。

（5）堵螺栓孔：用圆木塞蘸建筑胶堵住螺栓孔，并将表面刨平。这样既能防止雨水沿螺栓渗入木材，又增强了木地板的感观质量。

6.7.4 质量标准

1. 主控项目

（1）木铺装面层的材质、规格、色泽应符合设计要求。

（2）木铺装面层及垫木应作防腐、防蛀处理。木材含水率应小于 15%。

（3）用于固定木铺装面层的螺栓、螺钉应进行防锈处理，安装紧固，无松动。规格应满足稳定面层的要求。

（4）螺钉、螺栓顶板不得高出木铺装面层表面。

（5）木铺装面层单块木料纵向弯曲不得超过 1/400。

（6）面层铺设应牢固、无松动。

2. 一般项目

（1）铺装面板缝隙、间距应符合设计要求。密铺时，缝隙应直顺，疏铺时间距应一致、通顺。

（2）允许偏差项目见表 6-25。

检查数量：每 100m² 检查 3 处，不足 100m² 的，检查数量不少于 1 处。

木地板层面的允许偏差和检验方法   表 6-25

项次	项目	允许偏差（mm）	检验方法
1	表面平整度	3	用 2m 靠尺和楔形塞尺检查
2	板面拼缝平直	3	拉 5m 线，不足 5m 拉通线和尺量检查
3	缝隙宽度	2	用钢尺检查和楔形塞尺检查
4	相邻板材高低差	1	用钢尺检查

6.7.5 质量记录

1. 木地板的出厂合格证。

2. 防腐剂的出厂合格证。

3. 分项工程质量验收记录。

6.7.6 应注意的质量问题

1. 铺完地板后，人行走时有响声：主要是木龙骨没有垫实、垫平，固定不牢固，或木龙骨间距过大，地板弹性大所致。施工时应仔细检查龙骨的紧固程度，龙骨间距无设计要求时应适当加密铺设龙骨（一般不超过600mm）。

2. 拼缝不严：铺地板时要用统一的掷子比齐缝隙，拧螺栓时要用力摁住木板，防止木板移动。

3. 地板面平整度超出允许偏差：主要是木搁栅上平未找平就铺钉木地板。铺钉之前，应对木龙骨顶进行拉线找平。

6.7.7 成品保护

1. 地板材料进场后，经检验合格，应分规格码放整齐；使用时轻拿轻放，不可以乱扔乱堆，以免损坏棱角。

2. 铺钉木板面层时，操作人员要穿软底鞋，且不得在地面上敲砸，防止损坏面层。

3. 木地板铺设完毕应注意苫盖保护，有条件的要封闭交通直至工程验收。

6.8 块料面层施工工艺

6.8.1 适用范围

本工艺适用于雄安新区中广场与路面、人行步道、庭院步道的料石、毛石、条石、小料石等块料地面，整齐或碎拼纹理的块石面层。

6.8.2 施工准备

1. 材料要求

（1）开工前，应选用符合设计要求的料石。当设计无要求时，宜优先选择花岗岩等坚硬、耐磨、耐酸石材，石材应表面平整、粗糙，且符合表6-26规定。

石材物理性能和外观质量   表 6-26

	项目	单位	允许值	备注
物理性能	饱和抗压强度	MPa	≥ 120	—
	饱和抗折强度	MPa	≥ 9	—
	体积密度	g/cm²	≥ 2.5	—
	磨耗率（狄法尔法）	%	<4	—
	吸水率	%	<1	—
	孔隙率	%	<3	—
外观质量	缺棱	个	1	每块面积不超过 5mm×10mm
	缺角	个		每块面积不超过 2mm×2mm
	色斑	个		每块面积不超过 15mm×15mm
	裂纹	条	1	每块长度不超过边长的 1/10，小于 20mm 不计
	坑窝	—	不明显	粗面板材的正面出现坑窝

注：表面纹理垂直于板边沿，不得有斜纹、乱纹现象，边沿直顺、四角整齐，不得有凹、凸不平现象

料石的加工尺寸允许偏差应符合表 6-27 规定。

料石加工尺寸允许偏差   表 6-27

项目	允许偏差（mm）	
	粗面材	细面 4
长、宽	0 −2	0 −1.5
厚（高）	+1 −3	±1
对角线	±2	±2
平面度	±1	±0.7

（2）砌筑砂浆中采用的水泥、砂、水应符合下列规定：

1）宜采用现行国家标准《通用硅酸盐水泥》GB 175 中规定的水泥。

2）宜采用质地坚硬、干净的粗砂或中砂，含泥量应小于 5%。

3）搅拌用水应符合现行行业标准《混凝土用水标准》JGJ 63 的规定。宜使用饮用水及不含油类等杂质的清洁中性水，pH 宜为 6 ~ 8。

2. 施工机具及设备

筛子、铁锹、小手锤、大铲、托线板、线坠、水平尺、钢卷尺、小白线、半截大桶、扫帚、工具袋、手推车。

3. 作业条件

（1）基础、垫层已施工完毕，并已办完隐检手续。

（2）砂浆配合比由试验室确定，计量设备经检验，砂浆试模已经备好。

4. 技术准备

（1）根据设计要求和场地具体情况，绘制铺设大样图，确定料石铺设方式，石材选用尺寸和数量。

（2）编制详细的施工方案和节点部位处理措施，然后由技术负责人向现场工长、质检员进行技术交底，现场工长向施工人员进行技术交底。

（3）施工前选一块地面做出样板，经建设单位、监理单位、设计单位、施工单位几方共同验收合格后，才可进行大面积施工。

6.8.3 操作工艺

1. 工艺流程

测量放线—铺砌—修正、填缝—养护。

2. 操作工艺

（1）测量放线

1）对基层验收，合格后方可进行下道工序。

2）按照控制点定出方格坐标线，并挂线，按分段冲筋（铺装样板条）随时检查位置与高程。铺砌控制基线的设置距离，直线段宜为 5 ~ 10m，曲线段应视情况适度加密。

（2）铺砌

1）石材铺装要轻拿轻放，用橡皮锤或木槌（钉橡皮）敲实。不

图 6-25　不规则块石铺设

得损坏石材边角。

　　2）铺砌应采用干硬性水泥砂浆，虚铺系数应经试验确定。

　　3）铺砌中砂浆应饱满，且表面平整、稳定、缝隙均匀。与检查井等构筑物相接时，应平整、美观，不得反坡。不得用在料石下填塞砂浆或支垫方法找平。伸缩缝材料应安放平直，并应与料石粘贴牢固（见图 6-25）。

　　（3）修正、填缝

　　铺好石材后应沿线检查平整度，发现有位移、不稳、翘角、与相邻板不平等现象，应立即修正。检查合格后，应及时灌缝。

　　（4）养护

　　铺砌面层完成后，必须封闭交通，并应湿润养护，当水泥砂浆达到设计强度后，方可开放交通。

　　3. 冬雨期施工

　　（1）冬期施工中，砌筑砂浆应添加防冻剂，并覆盖养护达到设计强度后方可放行。

　　（2）雨期施工注意排水措施，施工前注意天气预报，避免雨水冲刷，成活后及时覆盖。

6.8.4 质量标准

1. 主控项目

（1）石材质量、外形尺寸应符合设计及相关规范的要求。

检验数量：每检验批，抽样检查。

检验方法：查出厂检验报告或复检报告。

（2）砂浆平均抗压强度等级应符合设计要求，任一组试件抗压强度最低值不应低于设计强度的85%。

检查数量：同一配合比，每500m² 取1组（6块），不足500m² 取一组。

检验方法：查试验报告。

2. 一般项目

（1）表面应平整、稳固、无翘动，缝线直顺、灌缝饱满，无反坡积水现象。

检验数量：全数检查。

检验方法：观察。

（2）料石面层允许偏差应符合表 6-28 规定。

料石面层允许偏差表　　　　　　　　　　　　　　　　　　　　　　　　　　　　表 6-28

项目	允许偏差	检验频率		检查方法
		范围	点数	
纵断高程	±10mm			用水准仪测量
中线偏位	≤ 20mm	10m	1	用经纬仪测量
平整度	≤ 3mm	100m	1	用 3m 直尺和塞尺连续 2 尺取大值
宽度（mm）	不小于设计	20m	1	用钢尺量
横坡（%）	±0.3% 且不反坡	40m	1	用水准仪量
井框与路面高差	≤ 3mm	每座	1	十字法，用直尺和塞尺量，取最大值
相邻块高差	≤ 2mm	20m	1	用钢板尺量
纵横缝直顺度	≤ 5mm	20m	1	用 20m 线和钢尺量
缝宽（mm）	+3 -2	20m	1	用钢尺量

6.8.5 质量记录

1. 料石原材合格证。

2. 强度试验检测报告。

3. 水泥试验报告。

4. 砂试验报告。

5. 砂浆配合比申请单。

6. 砂浆配合比通知单。

7. 砂浆抗压强度试验单。

8. 分项工程质量检验记录。

6.8.6 安全与环保

1. 施工前需根据现场实际情况进行详细的安全交底，作业上空及周边无安全隐患后方可作业。

2. 个人防护用品齐全。

3. 在有交通情况下，作业区域设置红色锥形桶警示，夜间施工要有足够的照明。

4. 料石搬运过程中注意堆放高度不超过 1.5m。

5. 及时清运土方，防止扬尘。

6. 做到"活完料净脚下清"。

6.8.7 成品保护

1. 料石面层养护期间不得放行交通。

2. 材料搬运过程中轻拿轻放，保证料石的边角不受人为磕碰。砌筑过程中，拌和砂浆不在面层上直接进行，并及时清理落地砂浆，避免对料石表面造成污染。

6.9 预制混凝土砖、烧结砖地面施工工艺

6.9.1 适用范围

本工艺适用于雄安新区园路铺装中预制混凝土砖、黏土烧结砖、陶瓷烧结砖及混凝土嵌草砖等预制块料面层工艺。

6.9.2 施工准备

1. 材料及主要机具

（1）预制砖块应具有出厂合格证、生产日期和混凝土原材料、配合比、弯拉、抗压强度试验结果资料。技术性能符合下列规定：

1）预制砖块的弯拉或抗压强度应符合设计要求。当预制砖块边长与厚度比小于 5 时，应以抗压强度控制。

2）预制砖块的耐磨性试验磨坑长度不得大于 35mm，其抗冻性应符合设计要求。

3）预制砖块的加工尺寸与外观质量应符合表 6-29 规定。

预制砖块加工尺寸与外观质量允许偏差   表 6-29

项目		单位	允许偏差
长度、宽度		mm	±2.0
厚度			±3.0
厚度差（同一砌块）			≤ 3.0
平整度			≤ 2.0
垂直度			≤ 2.0
正面帖皮及缺损的最大投影尺寸			≤ 5
缺棱掉角的最大投影尺寸			≤ 10
裂纹	非贯穿裂纹最大投影尺寸		≤ 10
	贯穿裂纹		不允许
分层		—	不允许
色差、杂色			不允许

（2）预制砖块的品种、规格、颜色、性能应符合设计要求，表面要求密实，无麻面、裂纹和脱皮，边角方正，无扭曲、缺角、掉边。用于车行路的砖厚度宜为 80mm 以上，用于人行道及庭院的砖厚度宜为 50mm 以上。

（3）混凝土预制砌块及烧结砖铺装前应进行外观检查与强度试验抽样检验（含见证取样）。

（4）砂：粗砂、中砂。

（5）水泥：32.5 级（含）以上的普通硅酸盐水泥或矿渣硅酸盐水泥，有出厂合格证。

（6）道牙（路缘石）：按图纸尺寸及强度等级提前加工。

（7）主要机具：台式（手提）云石机、小水桶、半截桶、扫帚、平铁锹、铁抹子、大木杠、小木杠、筛子、窗纱筛子、喷壶、锤子、橡皮锤、錾子、溜子、手推车等。

2. 作业条件

（1）施工现场的各种地下管道，如污水、雨水、电缆、煤气等均施工完，并经检查验收。

（2）道路或广场已抄平放线，标高、尺寸、伸缩缝位置已按设计要求确定好。

6.9.3 操作工艺

1. 工艺流程

找标高、拉线—基层清理—安装道牙—排砖冲筋—铺砌混凝土砖—补砖—扫缝。

2. 操作工艺

（1）嵌草砖穴内应植种植土（见图 6-26 及图 6-27）。

（2）补砖：在大面积铺砌完成后，对道路（广场）两侧与道牙之间的缝隙进行补砖，首先根据补砖的形状在整砖上画线，然后用云石机仔细切割，保证嵌入缝隙后四边严丝合缝；井盖周围的缝隙应尽量选用与砖同种材料的现浇混凝土补齐，其强度等级不应低于砖的强度等级。

图 6-26 铺砌青砖墁地

图 6-27 嵌草砖铺筑施工

（3）扫缝：混凝土砖铺砌后应覆盖砂子，浇水养护不少于7d，待结合层达到强度后，根据设计要求的材料（砂或砂浆）进行扫缝，填实灌满后，将面层清理干净，方可上人行走。

（4）冬期施工：冬期施工时应编制专项施工方案，采取有效的防冻、保温措施，确保铺装质量。

其余操作工艺要求参见第6.6.3节第2条第（1）~（5）款的相关规定。

6.9.4 质量标准

1. 主控项目

（1）混凝土砖的品种、规格、颜色、图案、质量、结合层厚度、砂浆配合比必须符合设计要求。

（2）砌块的强度应符合设计要求。

检查数量：同一品种、规格，每500m² 抽样检查1次。

检查方法：查出厂检验报告、复验。

（3）面层与基层必须结合牢固，无空鼓。

2. 一般项目

（1）混凝土砖面层的外观质量应满足设计要求和使用要求。表面平整洁净，图案清晰，无磨划痕，周边顺直方正。无裂纹、掉角、缺棱现象。

（2）反复扫缝，使缝砂饱满密实。

（3）图案铺装，分届清晰，分色缝切割精细，缝隙紧密均匀。分色缝应整齐。

（4）收口处杜绝不规则小角补贴；边缘砖块粘结牢固，边缘曲线流畅，缝隙均匀。

（5）铺装面紧实、平整清洁、色泽均匀，无污染、无脱色返砂缺陷。砖块无断裂、缺角。

（6）缝宽误差不大于0.3mm；平整度误差不大于4mm，同时做好排水坡度。

（7）园路弧形应提前摆出弧度，现场调整，保证弧线顺畅自然。

（8）烧结砖铺装不得出现返碱现象，烧结砖铺装原则上不支持勾缝处理，支持密缝，缝口不得大于 1mm。

（9）混凝土砖面层表面坡度应符合设计要求，不倒泛水，无积水。

（10）预制混凝土砌块面层允许偏差应符合表 6-30 规定。

混凝土砖面层的允许偏差 表 6-30

项次	项目	允许偏差（mm）		检验方法
		混凝土砖	嵌草砖	
1	表面平整度	4	3	用 2m 靠尺和楔形塞尺检查
2	缝格平直	3	3	拉 5m 线，不足 5m 拉通线和尺量检查
3	接缝高低差	1	3	用钢尺和楔形塞尺检查
4	板块间隙宽度	2	3	用钢尺检查

6.9.5 质量记录

1. 混凝土砖的出厂证明及强度试压记录。

2. 水泥的出厂合格证及复试记录单。

3. 砂试验报告。

4. 砂浆配合比申请单。

5. 砂浆配合比通知单。

6. 砂浆抗压强度试验单。

7. 分项工程质量验收记录。

6.9.6 应注意的质量问题

1. 路面使用后出现塌陷现象：主要原因是路基回填土不符合质量要求，未进行分层夯实，或者严寒季节在冻土上铺砌路面，开春后土化冻路面下沉。因此，在铺砌路面板块前，必须严格控制路基填土和垫层的施工质量，更不得在冻土层上做路面。

2. 混凝土砖松动：主要原因是过早上车或上人，造成结合层与石板粘结不牢。应切实做好成品保护工作，结合层砂浆强度达不到 1.2MPa，不得开放交通。另外，铺砌后应养护 7d 后，立即进行扫缝，并填塞密实，路边的板块缝隙处理尤为重要，防止缝隙不严砖块松动。

3. 混凝土砖面层平整度偏差过大、高低不平：在铺砌之前必须拉水平标高线，先在两端各砌一行，作为标筋，以两端为标准再拉通线控制水平高度，在铺砌过程中随时用 2m 靠尺检查平整度，不符合要求的应及时整修。

4. 烧结砖"返霜"现象：伴随烧结砖强吸水率的特性，对于实施不久的项目，砖与结合层均不稳定的情况下，砂浆结合层中水泥基材料遇空气及水反应生成碳酸钙（白华），浮出在砖表面的海绵状白色结晶，影响效果。可以在填充砂浆、地缝砂浆里掺入防白霜药剂。尽可能采用老成砖，新砖本身尚未稳定，吸水率也较高，容易返碱。清洁表面后，外刷防水封闭剂，隔绝水气进入路径，其原理同面砖刷防水封闭剂一样。为防止水分滞留，设置 2% 左右的坡度。进行阶段性的清理，随着时间的增加，砖本身与基础稳定后，返碱现象慢慢减弱。

6.9.7 成品保护

1. 运输混凝土砖和水泥砂浆时，应采取措施防止碰撞已做完的道牙、地面等。

2. 铺砌混凝土砖过程中，操作人员应做到随铺随用干布擦净混凝土砖表面上的水泥浆痕迹。

3. 不得在已铺好的路面上拌和混凝土或砂浆。

4. 混凝土砖地面完工后，应封闭交通并在其表面覆盖砂子加以保护。

6.10 古建砖、瓦地面施工工艺

6.10.1 适用范围

本工艺适用于雄安新区园路铺装中各种规格古建青砖、瓦地面面层的施工。

6.10.2 施工准备

1. 施工机具与设备

（1）砖：砖的品种、规格、颜色、性能应符合设计要求，并有出厂合格证、抗压强度试验报告。园林工程中常用的古建砖主要有方砖、停泥砖、地趴砖、四丁砖等。用于铺地的瓦均为特殊烧制的平瓦或弧形瓦立砌。需选同一批次加工的砖，要求规格一致、形状平整方正、无扭曲变形、颜色均匀，同时不掉角、不缺棱、不缺边、不开裂。

（2）黄土：不得含有有机杂物，使用前应先过筛，其粒径不大于 15mm。

（3）石灰：应用块灰或生石灰粉；使用前应充分熟化过筛，不得含有粒径大于 5mm 的生石灰块，也不得含有过多的水分。有出厂合格证。

（4）其他材料：桐油、面粉、青灰、烟子等。

（5）主要机具：台式（手提）云石机、小水桶、半截桶、扫帚、平铁锹、瓦刀、铁抹子、木宝剑、灰板、方尺、油石、木杠、筛子、喷壶、锤子、橡皮锤、錾子、溜子、手推车等。

2. 作业条件

除应符合第 6.9.2 节第 2 条"作业条件"的规定外，还应符合以下要求：

（1）基层符合设计要求，清扫干净并已经进行质量检查验收。

（2）砖已按设计要求加工完毕。

（3）掺灰泥按白灰：黄土 =3：7 的比例拌和均匀。

6.10.3 操作工艺

1. 工艺流程

找标高、拉线—基层清理—冲趟—揭墁—上缝—刹趟—打点—墁水活—钻生。

以上为细墁地面做法，糙墁地面可省略刹趟、打点、墁水活和钻生。

2. 操作工艺

（1）找标高、拉线，基层清理，冲筋等工艺操作参见第 6.6.3 节第 2 条第（1）、（2）、（4）款的相关规定。

（2）揭墁：先铺一层掺灰泥（厚度、配合比按设计要求，一般采用 3：7 的掺灰泥），面积不得铺得过大，将砖对好纵横控制线铺在已铺好的掺灰泥上，用橡皮锤敲击、振实砂浆至铺设高度后，将砖掀起检查砂浆表面与砖之间是否相吻合，如发现有空虚之处，应用掺灰泥填补，然后在掺灰泥上满浇一层白灰浆（用浆壶浇均匀）。铺装前需预排，不得出现一排以上的非整砖，且不小于 1/2 整砖。青砖使用前需清洗干净并提前一天浸泡 12h，以表面有潮湿感、手摁无痕迹为准。铺贴青砖时，用手轻轻推放，使砖底与贴面平衡，便于排出气泡，用槌柄轻敲砖面，让砖底全面吃浆，以免空鼓。青砖铺装与收边材料高差不得超过 2mm。

（3）上缝：先用木宝剑在砖的里口中棱处抹上油灰（油灰配合比为：白灰：面粉：桐油 =1：1：1，并用烟子适量调色），然后铺砖，并用橡皮锤敲击、振实。铺砖应随铺浆随砌，板块铺上时略高于面层水平线，然后用橡皮锤将板块敲实，使面层与水平线相平。板块缝隙间的油灰应挤严，并及时铲掉挤出的油灰。

（4）刹趟：按线检查砖棱，如有高出，要用油石磨平。

（5）打点：砖表面如有残缺或砂眼，要用砖药（砖灰面加无色建筑胶）补平。

（6）墁水活：最后，将墁好的地面用油石蘸水仔细打磨一遍，磨平之后擦拭干净。

（7）钻生：地面彻底干燥后，用毛刷蘸桐油在砖表面反复涂刷，使桐油充分渗入砖内。

6.10.4 质量标准

1. 主控项目

（1）砖的品种、规格、铺砌样式必须符合设计要求。

（2）面层与基层必须结合牢固，无空鼓。

2. 一般项目

（1）砖面层的外观质量应满足设计要求和使用要求。表面平整洁净，周边顺直方正。无裂纹、掉角、缺棱现象。

（2）砖面层表面坡度应符合设计要求，不倒泛水，无积水。

（3）古建砖面层允许偏差见表 6-31。检查数量：每 200m² 检查 3 处，不足 200m² 的，检查数量不少于 1 处。

		古建砖面层的允许偏差		表 6-31

| 项次 | 项目 | 允许偏差（mm） | | 检验方法 |
		细墁地面	糙墁地面	
1	表面平整度	3	7	用 2m 靠尺和楔形塞尺检查
2	缝格平直	3	5	拉 5m 线，不足 5m 拉通线和尺量检查
3	接缝高低差	1	3	用钢尺和楔形塞尺检查
4	板块间隙宽度	±1	±5	用钢尺检查

6.10.5 质量记录

1. 砖的出厂证明及强度试压记录。

2. 白灰的出厂合格证。

3. 分项工程质量验收记录。

6.10.6 应注意的质量问题

见第 6.9.6 节第 1～3 条。

6.10.7 成品保护

见第 6.9.7 节"成品保护"。

6.11 卵石地面施工工艺

6.11.1 适用范围

本工艺适用于雄安新区园路铺装中混凝土镶嵌卵石及各种花街铺地面层的施工。

6.11.2 施工准备

1. 材料及主要机具

（1）卵石：品种、规格、颜色应符合设计要求。园林工程常用卵石主要有天然雨花石、机制卵石、普通卵石等。

（2）瓦、砖、小弹石等。

（3）砂：中砂。

（4）水泥：32.5级（含）以上的普通硅酸盐水泥或矿渣硅酸盐水泥，有出厂合格证。

（5）主要机具：小水桶、扫帚、平铁锹、铁抹子、木杠、海绵、筛子、喷壶、橡皮锤、手推车等。

2. 作业条件

卵石已用水彻底冲洗干净。

其他要求参见第 6.7.2 节第 2 条第（1）~（3）款的相关规定。

6.11.3 操作工艺

1. 工艺流程

抄平放线—基层清理—铺砂浆—栽卵石—找平—冲洗—覆盖—养护。

2. 操作工艺

（1）抄平放线：根据设计要求，测量出卵石面层的水平线，标记在木桩上，木桩间距不宜大于 5m。带状卵石铺装长度大于 6m 时应设伸缩缝。

（2）基层清理：将基层上的树叶、土块等杂物清扫干净。

（3）铺砂浆：根据场地面积大小可分段（用于道路）、分块（用于广场）进行铺砌。水泥砂浆的配合比按设计要求（一般采用水泥∶砂 =1∶2.5），但强度不得低于 M10。铺砂浆的厚度宜大于卵石高度，且不低于 40mm；砂浆表面标高宜低于卵石面层设计标高 10 ~ 20mm，并用抹子抹平（见图 6-28、图 6-29）。

（4）干铺法栽卵石：将卵石大头朝上、小头朝下垂直压入干拌水泥砂浆中，石子上表面略高于设计标高 3 ~ 5mm，要注意相邻卵石粒径大小应搭配合适，使相邻石子间的灰缝保持在 5 ~ 15mm，石子镶嵌深度应大于石子竖向粒径的 1/2（见图 6-30）。

（5）找平：每铺完一排石子（长度不宜大于 1m），将木杠尺平放在石子上，用橡皮锤敲击木杠尺，振实砂浆并使卵石表面达到设计标高。栽卵石应边铺浆、边栽卵石、边找平。

（6）冲洗：待石子铺好后，在表面灌水使水泥砂浆湿透，待初凝后用喷壶喷水冲洗掉卵石表面的水泥浆，并用海绵将水泥浆吸干（见图 6-31）。

图 6-28　花街铺地的立瓦施工

图 6-29　铺砂浆

图 6-30　干铺法手栽卵石拍平

图 6-31　洒水润湿砂浆养生

（7）覆盖：已完工的卵石表面应立即封闭交通并覆盖保护，防止卵石面层被踩踏或污染。

（8）养护：卵石地面竣工后常温应浇水养护不少于 7d。

6.11.4 质量标准

1. 主控项目

（1）卵石粒径、色泽及整体面层坡度、厚度、图案必须符合设计要求。

（2）水泥砂浆厚度和强度必须符合设计要求。设计无明确要求时，水泥砂浆厚度不得低于 40mm，强度等级不得低于 M10。

（3）带状卵石铺装长度大于 6m 时应设伸缩缝。

（4）卵石与基层必须结合牢固，镶嵌深度应大于石子竖向粒径的 1/2。卵石无松动、脱落现象。

（5）厚度小于 20mm 的扁形石子不得平铺。

2. 一般项目

（1）砖面层的外观质量应满足设计要求和使用要求。表面平整洁净，周边顺直方正。无裂纹、掉角、缺棱现象。

（2）卵石面层表面应颜色和顺，无残留灰浆，图案清晰，石粒清洁。

（3）卵石整体面层无明显坑洼、隆起、积水现象。与相邻铺装面、路缘石衔接平顺自然。

检查方法：目测。

检查数量：每 200m² 检查 3 处，不足 200m² 的，检查数量不少于 1 处。

6.11.5 质量记录

1. 水泥的出厂合格证及复试记录单。

2. 分项工程质量验收记录。

6.11.6 应注意的质量问题

1. 卵石面层开裂：主要原因是养护不到位，或伸缩缝设置位置不合理。卵石面层常温下必须浇水养护不少于 7d，伸缩缝位置应设置在道路转角处和道路宽明显变化处，且间距不大于 6m。

2. 卵石松动：主要原因是过早上车或上人，造成结合层与卵石粘结不牢。应切实做好成品保护工作，结合层砂浆强度达不到 1.2MPa，不得开放交通。

3. 卵石面层平整度偏差过大、高低不平：在栽卵石之前必须拉水平标高线，栽卵石过程中随时用 2m 靠尺检查平整度，不符合要求应及时整修。

6.11.7 成品保护

1. 运输卵石和灰浆时，应采取措施防止碰撞已做完的道牙、地面等。

2. 栽卵石过程中，操作人员应注意不要扰动前面栽好的卵石，一旦挤出了栽好的卵石，应立即修复，做到随栽随找平。

3. 栽卵石前，应将相邻铺装或道牙表面的边缘粘贴胶带加以保护，防止污染。

4. 卵石地面完工后，应封闭交通并在其表面加以覆盖保护。

6.12 路缘石安装施工工艺

6.12.1 适用范围

本工艺适用于雄安新区园路铺装工程中路缘石安装工程施工。

6.12.2 施工准备

1. 材料准备

（1）现场拌制水泥砂浆用水泥、砂等经检验合格。

（2）水泥：一般采用普通硅酸盐水泥或矿渣硅酸盐水泥。水泥进场应有产品合格证和出厂检验报告，进场后应对强度、安定性及其他必要的性能进行取样复试，其质量必须符合现行国家标准《通用硅酸盐水泥》GB 175 的规定。

当对水泥质量有怀疑或水泥出厂超过 3 个月时，在使用前必须进行复试，并按复试结果使用。不同品种的水泥不得混合使用。

（3）砂：宜采用质地坚硬、级配良好且洁净的中粗砂，砂的含泥量不超过 3%，其质量应符合现行行业规范《普通混凝土用砂、石质量及检验方法标准》JGJ 52 的要求，进场后应取样复验合格。

（4）水：宜采用饮用水。当采用其他水源时，其水质应符合现行行业标准《混凝土用水标准》JGJ 63 的规定。

（5）路缘石宜由预制厂生产，并应提供产品强度、规格尺寸等技术资料及产品合格证。

（6）路缘石宜采用石材或预制混凝土标准块。路口、隔离带端部等曲线段缘石，宜按设计曲线预制弧形缘石，也可采用长度较短的直线预制块。缘石安装前，应进行现场复检，合格后方可使用。

（7）石质路缘石应用质地坚硬的石料加工，强度符合设计要求，宜选用花岗石，加工精度无特殊要求时，应符合下列规定：

雄安新区
园路铺装施工工艺工法

1）剁斧加工石质路缘石允许偏差应符合表 6-32 的规定。

2）机具加工石质路缘石偏差应符合表 6-33 的规定。

剁斧加工石质路缘石允许偏差 表 6-32

序号	项目		允许偏差（mm）
1	外形尺寸	长	±5
		宽	±2
		厚（高）	±2
2	外露面细石面平整度（mm）		3
3	对角线长度差（mm）		±5
4	剁斧纹路		应直顺、无死坑

机具加工石质路缘石偏差 表 6-33

序号	项目		允许偏差（mm）
1	外形尺寸	长	±4
		宽	±1
		厚（高）	±2
2	对角线长度差		±4
3	外露面平整度		2

（8）预制混凝土路缘石应遵守下列规定：

1）混凝土强度等级应符合设计要求。设计未要求时，不得小于 C30。不同强度等级的混凝土路缘石弯拉与抗压强度应符合表 6-34 的规定。

路缘石弯拉与抗压强度 表 6-34

序号	直线路缘石			直线路缘石（含圆形、L形）改成：弧形、L型路缘石		
	弯拉强度（MPa）			抗压强度（MPa）		
	强度等级 C_f	平均值	单块最小值	强度等级 C_c	平均值	单块最小值
1	C_f 3.0	≥ 3.00	≥ 2.40	C_c 30	≥ 30.0	24.0
2	C_f 4.0	≥ 4.00	≥ 3.20	C_c 35	≥ 30.0	28.0
3	C_f 5.0	≥ 5.00	≥ 4.00	C_c 40	≥ 40.0	32.0

注：直线路缘石用弯拉强度控制，L形或弧形路缘石用抗压强度控制。

2）路缘石吸水率不得大于 8%。有抗冻要求的路缘石经 50 次冻融试验（D50）后，质量损失率应小于 3%，抗盐冻性路缘石经 ND25 次试验后，质量损失应小于 0.5kg/m²。

2. 施工机具准备

砂浆搅拌机、计量设备、手推车、铁锹、瓦刀、大铲、灰斗、浆桶、勾缝溜子、拖灰板、笤帚、橡皮槌等。

3. 作业条件

（1）按设计边线或其他施工基准线，准确地放线钉桩。

（2）道路基础养护至设计强度并检测合格。

（3）雨水口位于新建道路上时，路面基层应已施工完成。

4. 技术准备

（1）图纸会审已经完成，并已完成设计交底。

（2）根据图纸编制详尽的施工组织设计，上报监理并获审批。

（3）施工人员得到技术交底和安全交底。明确施工部位、现场情况、高程及线位。

（4）对预制件厂家、铸铁件生产厂家进行考察并订货。

（5）做好现场搅拌砂浆的施工配合比，准备好砂浆及混凝土试模。

6.12.3 操作工艺

1. 工艺流程

测量放线—路缘石安装—浇筑背后支撑—灌缝—养护。

2. 操作方法

（1）测量放线：路缘石安装控制桩测设，直线部分桩距 10 ～ 15m，弯道部分桩距 5 ～ 10m，路口处桩距 1 ～ 5m。

（2）路缘石安装：根据测量测设的位置及高程，进行基底找平。路缘石调整块应用机械切割成型或以同等级混凝土制作。路缘石垫层用水泥砂浆找平，按放线位置安装路缘石。路缘石应以干硬性砂浆铺砌，砂浆应饱满、厚度均匀。相邻路缘石缝隙宽度用木条或塑料条控制。路缘石安装后，必须再挂线，调整路缘石至顺直、圆滑、平整，对路缘石进行平面及高程检测，对超过规范要求处应及时调整。无障碍路缘石、盲道路口路缘石按设计要求施工。

（3）浇筑背后支撑：路缘石后背用水泥混凝土浇筑三角支撑，水泥混凝土强度符合要求时方可进行下道工序施工。还土夯实宽度不应小于50cm，高度不应小于15cm，压实度不应小于90%。

（4）灌缝：灌缝前先将路缘石缝内的土及杂物剔除干净，并用水润湿。路缘石间灌缝宜采用M10水泥砂浆，要求饱满密实，整洁坚实。

（5）养护：路缘石灌缝养护期不得少于3d，并应适当洒水养护，养护期间不得碰撞。

3. 冬雨期施工

（1）冬期施工时，后背混凝土支撑、灌缝砂浆适量添加防冻剂，并对成活后路缘石进行苦盖防冻。

（2）及时获取气象信息，并根据天气情况合理安排施工。

（3）使用塑料布苦盖施工部位，边角用重物压好。

6.12.4 质量标准

1. 主控项目

混凝土路缘石强度应符合设计要求。

检查数量：每种、每检验批1组（3块）。

检验方法：查出厂检验报告并复验。

2. 一般项目

（1）路缘石应砌筑稳固、砂浆饱满、勾缝密实，外露面清洁、线条顺畅，平缘石不阻水。

检查数量：全数检查。

检验方法：观察。

（2）路缘石安砌偏差符合表6-35的要求。

（3）混凝土道牙（路缘石）顶面应平整，线条顺畅，无明显错牙，勾缝严密。

（4）混凝土道牙（路缘石）及混凝土砖面层允许偏差项目见表6-33。检查数量：每200m²检查3处，不足200m²的，检查数量不少于1处。

道牙（路缘石）的允许偏差 表 6-35

项次	项目	允许偏差（mm）	检验方法
1	直顺度	±3	拉 10m 线量取最大值
2	相邻块高差	±2	用钢尺检查
3	缝宽	2	用钢尺检查
4	顶面高程	±3	用水准仪检查

6.12.5 质量记录

1. 预制混凝土构件进场抽检记录。

2. 水泥试验报告。

3. 砂试验报告。

4. 砂浆配合比申请单。

5. 砂浆配合比通知单。

6. 分项工程质量检验记录。

6.12.6 安全与环保

1. 施工前需根据现场实际情况进行详细的安全交底。

2. 在有交通情况下，作业区域设置红色锥筒警示，夜间施工要有足够的照明。

3. 运输前检查路缘石质量，有断裂危险会危及人身安全时不得搬运。

4. 路缘石重量大于 25kg 时，应使用专用工具，由两人或多人抬运，动作应协调一致。

5. 路缘石安装就位时，不得将手置于两块路缘石之间。

6. 调整路缘石高程时，相互呼应，防止砸伤手脚。

7. 人工切断路缘石，力度适中，集中精神。

8. 外弃土方及时清运，还土及时苫盖、洒水，防止扬尘。

6.12.7 成品保护

1. 路缘石灌缝养护期不得少于 3d，养护期间不得放行交通。

2. 泼洒沥青黏层油或铺筑沥青混凝土前，在路缘石顶面进行覆盖防护，防止污染。

第 7 章

园路铺装的新材料、
新工艺、新技术

借由雄安新区造园工艺工法竞赛，也涌现了一批新的材料、工艺和技术，这些材料、技术代表着园林建设的新方向，也必将促进园林技术的新发展。

7.1 园路基础固化新技术

7.1.1 原位土稳定道路技术

原位土稳定道路技术是利用一种新型环保筑路材料加入土壤中，通过与无机结合料、土壤和水的物理和（或）化学反应，将土壤固化成密实板体，改善土壤的抗压强度、水稳定性、冻稳定性等工程性能。利用粉体稳定技术对原位土进行资源化利用，可以节省或替代水泥、石灰、沙砾等传统筑路材料。原料可以是原位土、建筑垃圾渣土、尾矿等细小固体废弃物颗粒，应用范围广（见图7-1）。

该技术具有以下优点：

（1）提高抗压强度：粉体稳定技术可提高土壤的密实度，被压实后，其抗压强度较同量传统材料相比可提高40% ~ 200%以上。

（2）提高水稳定性：由于其特有的作用机理，降低由于湿度改变而引起的膨胀与收缩。使土壤由亲水性变为斥水性，因此它对土壤的稳定是永久性的。

（3）提高冻稳定性：因粉体稳定技术能使路基材料具有良好的防水性能，从而大大提高了其抗冻融性。

（4）提高综合质量：大量的实验表明，经过粉体稳定剂处理过的路基材料，其强度、密实度、回弹模量、弯沉值、CBR（California

图7-1　原位土稳定技术碾压形成的道路

Bearing Ratio，载重比）、剪切强度等都达到并超过了路基材料的
验收标准，从而延长了道路的使用寿命。

（5）降低筑路成本：粉体稳定技术取代了大量的传统路面基层
材料，而土分布广泛、廉价，从而大大降低了筑路成本。与传统的路
面基层施工相比，本技术可以就地取材，可节省全部原位土清运费，
也不需外运稳定碎石和二灰土，从而节约大量的运输和人工成本。材
料配合比：水泥 6% ~ 8%，土 92%，稳定剂 0.05%，整体材料及
施工成本将降低 30% 以上。

（6）保护生态环境：粉体稳定技术修建道路基础，采用原位土
稳定而成，未改变土地使用性质，一旦停止使用，机械粉碎后可立刻
还耕，用于绿化种植。

7.1.2 原位土稳定技术的施工工艺

原位土稳定技术可用于各种等级道路的路基处理和各种建筑场
地的地基处理，也可以直接铺筑低等级道路、景观道路或临时道路，
还可用于农业和水利建设的土工工程。施工面积较小时可采用场拌方
式进行施工，具体施工工艺为：测量放线—备土整平—摊布水泥—干
拌—喷洒粉体稳定剂、湿拌—稳定土初压、整平—碾压—强度养护。

7.2 固废再利用新材料

7.2.1 固废再利用材料简介

在社会发展过程中，存在有大量的建筑垃圾及其他固体废物，这
些固废很难通过降解作用消耗掉，如果不加以妥善处理，会对生态环
境产生不利的影响。因此固废的再利用就成为一个重要的生态问题。

在园林建设中，利用这些固体废物进行再利用，可以将其破碎加工，
作为各种新式建材的生产原料，经过筛分、级配以后，利用先进的固废
处理工艺及制砖技术制成各种砖块，可以对固废材料进行百分百回收。

使用固废再利用生产的建材产品包括 PC 建材、护坡砖、挡土墙
砌块等。以建筑垃圾再生骨料作为生产原料，生产原料按照粒径大小

可分为 8 ~ 20mm 骨料、5 ~ 8mm 米石及 0 ~ 5mm 石粉。

1. PC 混凝土路面砖

（1）优点：PC 混凝土路面砖具有混凝土的高强度、耐久性、耐磨性、耐候性、抗冲击性、防结露、阻燃、不褪色等特点，又有多样化的造型色彩，性价比高、节能、环保、降耗等优势。

（2）预制工艺：

（1）将相对应配方的天然石粉破碎成不同目数大小，混合不同效果的岩片、云母片或不同的无机型配色片材，与高强度等级水泥、一定的外加剂、亮光剂或防水型无机材料按照一定比例振动成型。

（2）底层用 C40 级混凝土完成二次布料、二次振实、第二次蒸汽密封养护、脱模，脱模后自然养护与循环水养护。

（3）用专业喷砂机组设备或相对应的铣磨或水磨机械在其表面均匀地铣磨出火烧、荔枝、条纹或方格图案，最终呈现出所需的质感和效果。

PC 砖具有多种加工工艺，色彩柔和多样，质感与纹理均可模仿各种石材、混凝土、陶瓷面层的加工肌理，应用于园路铺装效果突出，能够适应不同的气候条件和地面荷载的要求（见图 7-2 ~ 图 7-6）。

（4）PC 砖的表面加工工艺

利用成熟的制砖工艺，可以突出 PC 板产品尺寸及面层效果的多样性。

1）磨光工艺：可达石材光面效果（见图 7-7），适用于园路、人行步道、广场、市政道路、小区建设，有高强度抗寒、耐风化、易清洁的特点。

2）劈裂工艺：产品经过劈裂处理后可达到天然仿石材的效果（见图 7-8），适用于建筑外墙、景观小品、园林道路、挡土墙、河道护坡等。

3）抛丸工艺：通过抛丸设备处理不同质感、不同风格的表面质感效果，可形成精面、细面、釉面、荔枝面等不同的面层效果。

4）喷涂工艺：面层喷涂有专利 RSF 特氟龙涂层，抗污防渗透，涂层减少了水的渗透和污垢的进入，便于后期清洁，在保持美观持久性的前提下，降低后期维护成本。

5）仿古工艺：通过二次、三次深加工，使产品富有古朴典雅的仿古质感，古朴的颜色，历经风霜的表面质感，适用于庭院建设、园林景观（见图 7-9）。

图 7-2 PC 仿石材路面砖——抛丸工艺：细面

图 7-3 PC 仿石路面砖——抛丸工艺：荔枝面

图 7-4 PC 仿石路面砖——抛丸工艺：细面

图 7-5 PC 仿混凝土路面砖 4——抛丸工艺：细面

图 7-6 固废再生混凝土砖

图 7-7 磨光工艺

图 7-8 劈裂工艺

图 7-9 仿古工艺

2. 钢渣预制拼装路面砖

以钢渣作为主要原料生产（见图 7-10），采用先进生产设备，精确配比生产原料，保证每块砖体强度至少达到 40MPa 以上，生产成本相比使用正常砂石骨料减少 1/5 以上。

3. 固废再生联锁式生态护坡砖

联锁式生态护坡砖是一种适用于中小水流情况下（不大于 3m/s）土壤水侵蚀控制的新型连锁式预制混凝土块铺面系统，是以建筑垃圾再生骨料生产的。由于采用独特的联锁设计，每块砖与周围的 6 块砖产生超强联锁，使得铺面系统在水流作用下具有良好的整体稳定性（见图 7-11、图 7-12）。联锁式生态护坡砖的优点：

（1）减少淤泥：中小水流河道因为水浅，是最容易形成淤泥的环境，针对这一点，联锁式护坡采用土工布作为反滤层，在保证坡面自由排水的同时，有效防止土体外漏沉积而形成淤泥。

（2）生态循环：使用联锁式生态护坡建造的护岸仍可生长草本植物，可有效控制底泥营养盐的释放，吸收水体中过剩的营养物质，抑制浮游藻类的生长。另外，在混凝土内添加灭螺木质纤维，可有效清除钉螺，集中杀灭血吸虫。开孔内生长的植物作为过滤屏障，对防止岸坡顶的水土流失、垃圾及有害水体在地表径流作用下直接进入河道起到一定的阻碍与净化作用，减少地表水对河水的污染。

（3）施工快、造价低：施工无需机械，人工为 80 ~ 100m²/（人·d），局部维修方便，可重复使用土工布代替传统砂、石料作为反滤层。结构创新但不增加成本。

（4）坡面稳定：超强联锁式的自锁定装置，采用楔形榫槽，四边穿插式组装，块与块之间形成巨大的结合力，网边支撑相当于铰连接，将刚性材料做柔性处理，具有可靠的稳定性，同时具有变形调整能力，可适合坡面轻微的塌陷变形。在倾斜面的稳定性实验中，联锁式护坡砖在 1：2、1：1、1：0.6 的倾斜面都没有发生脱离现象。

（5）美观警示作用：由于联锁式护坡块在生产工艺中进行了二次布料，砖面层可着多种颜色，用彩色砖铺就的带明显警戒标识的联锁式护坡面使得水位警戒线一目了然，便于检查和观测水位。

图 7-10 钢渣预制
六角路面砖

图 7-11 PC 联锁式
生态护坡砖 1

图 7-12 PC 联锁式
生态护坡砖 2

4. 固废再生自嵌式挡土墙砌块砖

自嵌式挡土墙系统是在干垒挡土墙的基础上开发的一种新型柔性
结构。该结构是一种新型的拟重力式结构，它主要依靠自嵌块块体、
填土通过土工格栅连接构成的复合体来抵抗动、静荷载的作用，达到
稳定的目的。后缘采用分段设置，使土工格栅不易断裂，工作性能可
提高二十多倍。后缘具有锁定和施工质量控制作用，一部分土工格栅
在后缘处弯曲延伸到回填土中，增加接触面的剪切强度，提高承担土
压力的能力，另一部分土工格栅直接水平延伸到回填土中，使块体、

锚固棒、土工格栅与回填土形成整体，为结构稳定计算提供了依据（见图 7-13 ~ 图 7-15）。

其优点包括：柔性结构，地基要求低，适应小规模沉降；与传统挡土墙比较，综合成本低；施工简便快捷，可缩短 50% 工期；耐久性强；生态友好；有效应对河道水位骤变；航道防撞抗冲刷；吸震设计。

5. 固废再生联锁式地面砖与挡墙砌块砖

联锁式地面砖与挡墙砌块砖都是通过砖块之间榫卯卡扣连接，通过互锁链接成一个整体，具有施工方便、整体性强的特点（见图 7-16 ~ 图 7-18）。

6. 电路板粉塑木

塑木制品是在塑木复合材料技术的基础上经过再研发、升级而得到的一种新型环保建材产品。不同于塑木复合材料（简称 WPC）以木纤维或植物纤维作为增强材料或填料，电路板粉塑木使用经过分离金属物质后的电路板粉末为主要增强材料，与热塑性树脂（如聚乙烯）、改性加工助剂以及色粉等均匀混合，再经特定加工工艺而成的一种新型高强度复合材料。通过木工砂光机、压花纹设备还可以得到比肩天然木材质感的纹路，并经过锯切等工艺满足各种制品及工程的使用需要。另外，还可根据需要加工成特定的截面、形状，以提高机械性能、缩短特定加工工序（见图 7-19、图 7-20）。

优点：作为符合国家环保政策的新技术产品，电路板粉塑木不吸水、不干裂，免受虫蛀危害，防霉性、阻燃性、耐候性优良，不需要复杂后期维护，使用寿命长。

（1）力学性能高：原料中使用了有助于提高力学性能的长纤维状热固性树脂以及玻璃纤维，同时电路板粉塑木特殊的生产工艺也能够最大化地保留纤维状态，以保证其能够真正起到增强作用。

（2）不吸水：由于原料中没有使用亲水的天然纤维作为主要增强成分，从而保证了电路板粉塑木制品在吸水率方面明显优于其他木质产品或者含有木质成分的仿木制品，确保产品能够长久使用，有助于提升其耐候能力。

（3）维护简单：电路板粉塑木不需要像普通木制品一样定期刷漆维护，只需要定期清理上面的灰尘、落叶等杂物，及时用毛刷将果

图 7-13　劈裂面自嵌式挡墙砌块砖

图 7-14　砌块砖细节

图 7-15　钻石形自嵌式挡土墙砌块

图 7-16　固废再生联锁式挡墙砌块砖 1

图 7-17　固废再生联锁式挡墙砌块砖 2

图 7-18　联锁式挡墙砌块砖砌筑的景观挡墙

图 7-19　电路板粉塑木制品

图 7-20　电路板粉塑木完成的地面铺装及廊架

汁污渍、墨水污渍用肥皂水或者其他低酸碱度的洗涤溶剂清洗，并用水冲刷干净即可。

（4）外观多样化：电路板粉塑木不需要使用油漆，通过在原料中添加不同的色粉或色母，可以得到不同颜色的产品，而且颜色更持久。通过使用不同的表面处理方式，能够实现不同的仿木花纹效果，满足不同场合、不同客户的需要。

（5）防霉、防腐性更优：与其他仿木制品相比，由于电路板粉塑木没有使用任何天然纤维，原料中没有其他营养物质，不能提供霉菌等微生物繁衍所需要，极大地降低了制品发霉、腐朽的可能性。

（6）耐候性优异：影响产品长期使用的外部因素主要为雨、雪和常年气候变化以及氧化反应和紫外线照射。而内部因素主要是产品配方、工艺和质量控制。根据相关研究，紫外线会导致大多数天然纤维内的颜色成分分解、变色，自然环境中的氧化作用也会引起的天然纤维力学性能降低，天然纤维被认为是导致含有它的仿木制品褪色、老化的一个重要因素；电路板粉塑木使用性能稳定的热固性塑料纤维替代天然纤维，从配方上避免了这种隐患，提升了制品的耐候能力。

电路板粉塑木特殊的生产设备和工艺，能够基本避免各种物料在生产过程中裂解、分解、降解，也就大大地减少这些过程对制品性能的不利影响，最大化各种加工助剂的作用，提升产品各组分之间结合强度，提升产品的耐候性能。

（7）阻燃性好：一般仿木制品通常添加阻燃剂成分来提高其制品的阻燃性，但由于作用机理的原因也会同时导致力学性能的降低，很难实现在保证较好力学性能的前提下同时具有较好的阻燃效果。不同于其他仿木制品，电路板粉塑木没有使用易燃的天然纤维作为主要的填充材料，所使用的电路板粉末一般都含有阻燃剂成分，因此阻燃效果更好。

（8）安全可靠：电路板粉塑木没有添加任何有毒有害或者有甲醛释放的物质。整个生产原理为物理反应，不是使用化学反应。电路板粉塑木特殊的生产工艺大大降低了各组分在生产过程中裂解、分解、降解而产生的有毒有害物质的可能性，符合国家标准《木塑地板》GB/T 24508-2009 中关于有害物质含量、有毒气体释放量的检测标准。产品满足欧洲 RoHS 指令关于有害成分的相关规定。

（9）保护环境：节约木材、保护森林。完全不使用天然植物纤维，意味着对于木材资源的零消耗，实现真正意义上的"仿木而不用木"。生产过程更清洁，先进的生产工艺，避免因生产过程中物料裂解、分解或降解而挥发出刺激性气体和各种粉尘，同时也大大降低噪声污染。

缺点：质感与实木有差距，对比防腐木等实木，重量相对要重一些。

7.2.2 其他新材料

1. 地面夜光涂料

嵌入式荧光 LOGO 及荧光标线采用对比色路面抛光彩卵石嵌入面层，既明显又不破坏整体面层质感，经久耐磨，且在上面涂上特制室外荧光漆。在光线极暗环境甚至园区内停电的时候，仍然可以光亮清晰地勾勒出路肩的轮廓及导向地标或文字，弥补了传统标线夜间效果差的问题，突出标示、标线的作用，营造了公园内别样的艺术气氛（见图 7-21）。

2. 影像混凝土

建材影像混凝土是一种全新的混凝土制作工艺技术，主要用于景观中的立面（安装方式：湿贴或干挂）及平面（地铺产品应用）装饰（见图 7-22）。

影像混凝土产品采用具有使混凝土凝结时间延缓功能的油墨，将要表现的内容（主要图案）负相印刷于印刷介质上，称为影像混凝土成像膜，将成像膜正面朝上，置于光滑平整的工作平台上，缓慢排除成像膜与平台之间的空气。根据实际要求浇注混凝土，不同的效果图

图 7-21　嵌入式荧光 LOGO 及荧光标线　　　　　图 7-22　影像混凝土制作的墙画

像混凝土配方有所不同。待构件达到可脱模强度时去除影像混凝土成像膜，用高压水枪冲洗，有功能油墨的地方胶料被冲洗掉，漏出骨料，通过骨料和胶料不同颜色的色差形成所要表达的图案。

3. 透光混凝土

透光混凝土具有良好的透光性和绝热性。因能透射光线而大大降低了照明损耗并达到奇特的艺术效果，并且光学复合材料占比较少，不会影响构件整体的力学性能。通过在模具中排布导光纤维后浇注混凝土，从而使得导光纤维留在构件中，形成了一个光的通道，在构件的一侧安装光源，使光纤排布的图案能清晰地展现，可以形成光点组成的画面。

4. 蓄水陶土

生态蓄水陶土是利用黏土、壤土等土壤以及河（湖）底泥，包括城市废、弃土等作为主要原料，加秸秆等辅料与特殊添加剂烧结形成，内部结构呈蜂窝多孔状的新型无机绿色蓄水材料，具有蓄水能力突出、释水能力稳定、有效减少人工施水频率、节能环保等特点（见图 7-23、图 7-24）。铺设在土壤层上，可以充分吸收降雨和灌溉水分，再缓慢释放出来，供植物生长所需，是海绵城市建设中可以利用的一种新型地表覆盖材料。

5. 彩色有机覆盖物

近年来，我国城市绿地立地条件差、绿地的维护管理成本高、城市大量裸露地表等问题严重影响了城市生态环境与居民生活环境。有机覆盖物源于园林绿废，通过锤磨式粉碎、多级联动筛分、腐熟发酵

图 7-23　蓄水陶土应用实景

图 7-24　颗粒状的蓄水陶土

图 7-25　彩色有机覆盖物

及高压雾化染色等工序加工而成（见图 7-25）。该产品覆盖在土壤地表后会缓慢分解为有机养分，最终回归土壤。可广泛应用于公共绿地、城市公园、各类球场、庭院绿化、草原生态维护等任何土地需要覆盖的地方。适用于立地条件差或者暂时不宜绿化的贫瘠土壤的景观覆盖，通过不同颜色的搭配、线条勾勒，营造出良好景观效果的同时又体现生态环保理念。

彩色有机覆盖物具有调节土壤理化性质、增加土壤肥力、保持土壤水分、调节温度、抑制杂草、减少扬尘、美化城市、治理 $PM_{2.5}$ 等作用，对促进生态平衡和未来自然环境的美化具有重要意义。

（1）生态功能

增加土壤养分、改善土壤结构。通过增加水分的渗透性和保水力，减少蒸发，从而起到节水、保水的作用，同时对土壤具有保护层的作用，能够防止水土流失，抑制杂草萌发。通过拦截、吸收太阳辐射和地面反射，夏季降低地表温差，冬季降低植物霜冻，创造适宜植株生长的温度条件。有机覆盖物对暴雨或浇水冲刷具有良好的缓冲作用，可有效防治土壤侵蚀和水土流失。

（2）环保功能

原材料来源于园林绿化废弃物，变废为宝，循环利用。取之自然，用于自然。将园林绿化、森林砍伐等产生的天然有机废弃物加工成有机覆盖物，最终回归城市绿地，实现资源循环再利用。同时，覆盖裸露的地表可以减少尘源、吸滞粉尘、防止二次扬尘并保持空气清洁。

（3）景观功能

采用天然矿物质的无机染料，形成系列色彩，色彩持久度高。与

图 7-26 彩色有机覆盖物的景观效果

低密度宿根花卉的搭配，使园林环境获得色彩、质地、形式、色调和季节性的趣味组合，提供给人们更为丰富的视觉空间和色彩意境。不同颜色搭配，丰富地表色彩，提升绿地质感，营造良好景观效果（见图 7-26）。

（4）经济功能

有效减少浇水、施肥、除草等管护成本，实现了城市绿地的低成本维护。同时，城市绿化管理中产生的大量绿化废弃物可转化成有机覆盖物进行应用，大幅度减少垃圾处理费用。覆盖物可以有效减少地表土壤水分蒸发，提高土壤含水量，相比裸地可增加土壤含水量 35%～200%。覆盖厚度 5cm 可有效减少杂草数量，覆盖厚度 10cm，杂草去除率达 80%～90%。富含大量有机物质，降解后可有效改善土壤的营养条件，提高土壤微生物活性。

彩色有机覆盖物的施工方法：

树穴或绿化带铺设前需去除石块、杂物，整理平整，严重板结土壤需在覆盖前进行适当松土。在树干之间预留 5cm 左右间隙，以树干为中心将有机覆盖物摊铺，覆盖厚度达 4～6cm。

在盆栽等小型植物根部空出 1cm 左右间隙，以植株为中心将有机覆盖物摊铺，覆盖厚度达 3～5cm。大面积覆盖时，可考虑使用机械喷洒设备进行覆盖，提高效率。

在曝晒、降解、冲刷等因素的综合作用下，会减弱有机覆盖物在色彩、形态等方面的感官效果。一般而言，每年有 10%～15% 的有机质会自然分解，变为有机肥料被泥土吸收。因此，建议每年适度补充以保持最佳效果。

图7-27 缝隙式透水路面

图7-28 预埋在结构层内的引流管

7.3 新式道路面层

1. 缝隙式透水路面

该产品路面砖的设计，可以通过材料之间的缝隙、透水混凝土基层、砂石垫层等层层渗透，再通过引流管完成雨水的地下分散或集水收集（见图7-27、图7-28）。

2. 聚氨酯基透水铺装

当前透水铺装材料中高分子胶粘剂具有以下问题：1）胶粘剂遇紫外线，半年后会出现发黄，胶体浑浊等。2）现场施工有强烈污染性气味，且对施工人员有轻微毒性。3）南方3月曝晒，北方4~6月曝晒后会有部分材料骨颗粒脱落，碎渣。针对该问题，新型路面做法改为使用聚氨酯基双组分聚氨酯胶粘剂，它是一种特殊型胶粘剂，可粘结园林景观透水材料中全部原料颗粒，并且具有不变色、不变形、无气味、硬度高、成本低等特点。双组分聚氨酯胶粘剂无脱粒、开胶现象，并且施工简单，人工搅拌、机械搅拌皆可。双组分聚氨酯胶粘剂实施的聚氨酯基透水路面施工简单，人行1.5~2.0cm厚度，车行3.0cm厚度，骨料颗粒和胶水比例为100:（3.0~3.2kg）（人行）或100:（3.7~3.9kg）（车行），搅拌后30~35min内施工落地，6h后即可上人，12h后即可上车。原材料可就近选择米石或者陶粒或者石子等原料（见图7-29、图7-30）。

3. 砂基透水路面

砂基透水路面包括现制砂基透水路面和预制砂基透水砖，具有透

图 7-29　聚氨酯透水铺装

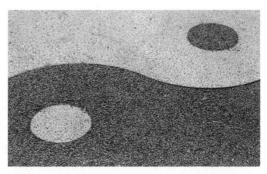

图 7-30　聚氨酯透水铺装细节

图 7-31　砂基透水道路摊铺碾压

图 7-32　砂基透水路面铺装

图 7-33　预制砂基透水路面砖

水、滤水、防堵塞的特点（见图 7-31～图 7-33）。

（1）优点

1）持续性透水能力强。该技术采用覆膜彩砂、有机粘结料及专利添加剂等现浇成型，于面层形成纳米级的连贯孔隙，赋予了产品快速持续透水的性能。按照海绵城市建设的标准做法，可做到连续 90 天暴雨条件下不堵塞、不漫水。表面平整，颗粒均匀细腻。面层以高强、超细硅砂为原料，表面细腻光滑。面层所用硅砂颗粒直径可大可小，能够适应施工方案设计的不同需求。

2）颜色种类丰富，多种多样。现浇砂基透水路面采用现浇工艺，与预制铺地产品最大的区别在于可以完全根据施工设计方案和现场条件定制化施工，不受产品规格和地域限制，可以为花色、图案、拼花等工艺设计提供极高的自由度和极大的便利。

3）色泽鲜艳饱满，耐候性好。采用国内品质领先的氧化铁类颜料，并针对性地做了改性处理，使其能够有效吸收紫外线，实现相对期限不褪色，抗老化能力强。在国家标准的加速老化试验下，可以做到 400h 无变化。

4）耐磨防滑。现浇砂基透水路面采用高强度、高韧性、耐候性好的有机粘结材料，使其达到了超过一般产品的耐磨强度，保证了工程质量和寿命。下雨时，雨水瞬间渗透，表面无积水，走路时不会产生水膜，可达到防滑效果。

5）抗冻融性能优良。现浇砂基透水路面采用高强度、高韧性的有机树脂材料，形成的超细孔隙通道光滑，不存积水，不会产生冻胀。另外，由于产品添加了自主研发的专利添加剂产品，使产品的抗冻性大幅提升。经国家建材检测中心 75 次冻融循环检验，合格率100%，且强度损失率未曾发生改变。

6）环保节能。现浇砂基透水路面采用现浇工艺，免烧结、免预制，极大地降低了生产、运输能耗，真正做到了节能环保。

（2）缺点

造价略高，对施工人员的技术要求较高。

（3）创新点

1）产品无接缝。相对于预制透水地材而言，现浇砂基透水路面在表面整体性上的表现更好，成品外观看起来更加美观大气。

2）施工周期短。现浇砂基透水路面完全从现场施工，无需预制生产，节省大量的生产环节，降低了施工周期。

3）运输成本低。只需运输原料到施工现场，相对于预制透水地材而言，相当于节省了至少一次的原料运输距离，同时提高了运输效率，节约了运输能耗和运输成本，更加节能环保。

（4）施工工艺流程

1）摊铺 3：7 灰土。在夯实素土的基础上，先打 3：7 灰土，灰土要夯实、找平。

2）摆放透水路沿石。按照具体施工图纸要求，在两边摆放透水路沿石，路沿石的具体宽窄、尺寸、标高等需按照图纸设计要求施工，透水路沿石的施工要求摆放平直，不得有高差。

3）摊铺级配碎石。根据施工图纸要求，摊铺相应厚度的级配碎石层。级配碎石的施工要求在洒水后，利用平板振动器将级配碎石层振动密实并找平。

4）摊铺透水混凝土。按照施工图纸的具体要求，摊铺透水混凝土。透水混凝土的施工要求利用平板振动器振动密实、找平，并养护 7d。

5）涂刷界面胶。透水混凝土养护足 7d 后，在其表面涂刷界面胶，应注意涂刷均匀，不能过厚。

6）原料搅拌。将天然彩砂、胶水、添加剂分别准确计量后，倒入星型搅拌机充分搅拌均匀，然后出料摊铺。

7）摊铺砂基透水面层。将搅拌成料摊铺于施工场地，厚度为 20mm，并用滚杠逐行压平、压实，随后根据现场实际情况，用抹刀对需要处理的局部面层做修整找平。

8）成品保护。砂基透水面层摊铺完工后，需在其表面铺上塑料薄膜，以防止雨水、灰尘对面层形成污染，并在施工场地周围拉设警戒线，以防止行人踩踏破坏。

9）喷洒保护剂。透水面层养护 5d 后，于表面喷洒保护剂，注意保护剂要喷洒均匀，不能喷洒过量。

参考文献

[1] 韩博，夏雨波，裴艳东，马震，郭旭．雄安新区地下空间工程地质特征及环境地质效应 [J]．工程勘察，2020,48（03）:1-8.

[2] 肖金成．雄安新区：定位、规划与建设 [J]．领导科学论坛，2017（16）:43-53.

[3] 刘冰，温雪茹，杨柳．雄安新区的生态地质环境问题及治理进展 [J]．地下水，2020,42（06）:122-126+154.

[4] 叶振宇．雄安新区开发建设研究 [J]．河北师范大学学报（哲学社会科学版），2017,40（03）:12-17.

[5] 陈璐．深刻认识规划建设雄安新区重大意义 [N]．河北日报，2017-04-07（007）.

[6] 艾婉秀，肖潺，曾红玲，王凌，肖风劲．气候变化对雄安新区城市建设的影响及应对策略 [J]．科技导报，2019,37（20）:12-18.

[7] 赵本龙，张强．沙河流域王快水库上游水文要素特性分析 [J]．海河水利，2009（3）：46-48.

[8] 林良俊，韩博，马震等．雄安多要素城市地质标准体系研究 [J]．水文地质工程地质，2021,48（02）:152-156.

[9] 虞德平编著．园林绿化工程施工技术参考手册 [M]．北京：中国建筑工业出版社，2013.3.

[10] 宁平．园林工程施工从入门到精通 [M]．北京：化学工业出版社，2017.

[11] 中国风景园林学会园林工程分会，中国建筑业协会古建筑施工分会编著．园林绿化工程施工技术 [M]．北京：中国建筑工业出版社，2007.

[12] 北京宜然园林工程有限公司编．园林绿化工程施工工艺标准 [M]．北京：中国建筑工业出版社，2012.4.

[13] 北京市政建设集团有限责任公司.道路工程施工工艺规程 [M]. 北京：中国建筑工业出版社，2011.

[14] 中国雄安官网.http:// www.xiongan.gov.cn.

[15] 北京市政建设集团有限责任公司.城镇道路工程施工与质量验收规范.CJJ 1-2008[S].北京：中国建筑工业出版社，2008.

[16] 史钊主编.公路、桥梁、隧道施工新技术、新工艺与验收规范实务全书 [M].北京：金版电子出版社，2002.

[17] 曾丽娟，武欣，徐俊编著.景观铺装设计 [M].武汉：华中科技大学出版社,2018.5.

[18] 毛培琳编著.园林铺地 [M].北京：中国林业出版社，1992.7.

[19] 闫玉辉主编.图解道路与桥梁工程现场细部施工做法 [M].北京：化学工业出版社，2015.8.

[20] 孙忠义，王建华编著.公路工程试验工程师手册 [M].第 4 版.北京：人民交通出版社，2016.

[21] 江正荣主编.建筑分项施工工艺标准手册 [M].第 3 版.北京：中国建筑工业出版社，2009.

[22] 李辉.杜群乐.陆海珠著.多孔隙材料与透水铺装结构理论与实践 [M].北京：中国建材工业出版社，2020.1.

[23] 山西建设投资集团有限公司主编.建筑地面工程施工工艺 [M].北京：中国建筑工业出版社，2018.

致谢

　　在雄安新区大规模园林绿化建设展开之际，一群对专业与事业有更高追求的人聚集在一起，组织了一场"2020（雄安）造园工艺工法展示竞赛"，吸引了二十多家专业队伍参加。竞赛组织单位精心组织，参赛单位则派出最佳阵容，精心施工，展现出了园林人的最佳风采，使得竞赛的现实意义与未来影响都得以突出显现。

　　本书的缘起即是此次工艺工法展示竞赛，书中主要总结了此次竞赛中园路铺装工程所涉及的主要施工工艺工法，以及参赛队伍带来的园路铺装新材料、工艺做法等。这次竞赛活动由中国雄安集团生态建设投资有限公司主办，承办单位是中铁三局集团有限公司和江苏兴业环境集团有限公司，协办单位有中铁七局集团有限公司、诚通凯胜生态建设有限公司、中建三局集团有限公司和中国建筑第八工程局有限公司。参赛单位（排名不分先后）：瑞图生态科技有限公司、苏州香山古建园林工程有限公司、保定山水欣源园林绿化工程有限公司、沈阳市绿化造园建设集团有限公司、河北仁创环保科技有限公司＆上海誉臻实业发展有限公司、江苏澳洋生态园林股份有限公司、中交一公局集团有限公司、北京星河园林景观工程有限公司、河南华冠生态科技有限公司、中铁三局集团有限公司＆江苏兴业环境集团有限公司、上海嘉来景观工程有限公司、江苏中晶泉工建材有限公司、建华建材集团有限公司、河南青藤园艺有限公司、中铁十一局集团有限公司、武汉市园林工程有限公司＆中国二十二冶集团有限公司、泰州市瑞康再生资源利用有限公司、深圳文科园林股份有限公司、上海铃路道路铺装工程有限公司、无锡木趣科技有限公司、聪智科技（江苏）有限公司＆江苏兴业环境集团有限公司等。

全书由北京林业大学园林学院王沛永主笔，中铁三局集团有限公司巩立青、中国雄安集团生态建设投资有限公司徐成立共同执笔合作完成。书中的大量图纸、资料、素材由苏州园林设计院有限公司以及参赛单位的技术人员提供，研究生岳凡煜、南方、张亦默、张宇、胡宇欣、董春晓等同学进行了大量的文字梳理、图片选择等工作。书中使用的竞赛过程及成果的图片均由中国雄安集团生态建设投资有限公司提供。对智雄三维数字科技（天津）有限公司表示感谢，是他们全程记录了竞赛的整个过程。为组织此次竞赛，中国雄安集团生态建设投资有限公司的徐成立、王佳、李京、代晓祥等人付出了大量心血，也为本书的成稿做出了贡献。

本书的责任编辑杜洁、张文胜加班加点，认真负责地进行了图书的勘误、编辑、排版工作，为本书的快速出版付出了大量心血。

对上述及不知名的为本书编写出版提供帮助的所有人员、单位表示衷心感谢。

书中的相关施工工艺内容是对此次竞赛及以往园林绿化工程建设长期的施工实践的总结，也有工程界相关专业同行的许多以往经验，本书结合雄安新区的土壤、水文、工程地质等具体条件进行了一定的总结与提升，是"站在巨人的肩膀上"完成的，在此也一并对相关单位及前辈的贡献表示感谢。

2021 年 6 月

图书在版编目（CIP）数据

雄安新区园路铺装施工工艺工法 / 王沛永等著 .—
北京：中国建筑工业出版社，2021.6
ISBN 978-7-112-26197-0

Ⅰ.①雄… Ⅱ.①王… Ⅲ.①公园道路—路面铺装
—工程施工—雄安新区 Ⅳ.①TU986.4

中国版本图书馆CIP数据核字（2021）第099701号

责任编辑：杜　洁　张文胜
书籍设计：张悟静
责任校对：芦欣甜

雄安新区园路铺装施工工艺工法
王沛永　巩立青　徐成立　等著
＊
中国建筑工业出版社出版、发行（北京海淀三里河路9号）
各地新华书店、建筑书店经销
北京方舟正佳图文设计有限公司制版
北京富诚彩色印刷有限公司印刷
＊
开本：787毫米×1092毫米　1／16　印张：18　字数：267千字
2021年6月第一版　2021年6月第一次印刷
定价：**188.00**元
ISBN 978-7-112-26197-0
（37746）